Symposium

Schutz und Widerstand durch Betonbauwerke bei chemischem Angriff

Herausgeber:
Prof. Dr.-Ing. Harald S. Müller
Dipl.-Wirt.-Ing. Ulrich Nolting
Dr.-Ing. Michael Haist

Symposium

Schutz und Widerstand durch Betonbauwerke bei chemischem Angriff

8. Symposium Baustoffe und Bauwerkserhaltung
Karlsruher Institut für Technologie (KIT), 17. März 2011

mit Beiträgen von:
Dipl.-Ing. Thomas Bose
Dr.-Ing. Diethelm Bosold
Dipl.-Ing. Rainer Burg
Dr. Rudolf Dörr
Dr.-Ing. Ulf Guse
Dr.-Ing. Michael Haist
Dr.-Ing. Stefan Kordts
Prof. Dr.-Ing. Horst-Michael Ludwig
Dr.-Ing. Christoph Müller
Prof. Dr.-Ing. Harald S. Müller
Prof. Dr. Ursula Obst
Dr.-Ing. Patrick Schäffel
Dipl.-Ing. Josef Steiner

Veranstalter:
Karlsruher Institut für Technologie (KIT)
Institut für Massivbau und Baustofftechnologie
76128 Karlsruhe

VDB – Verband Deutscher Betoningenieure e. V.
Regionalgruppen 9 und 10

BetonMarketing Süd GmbH
Gerhard-Koch-Straße 2+4
73760 Ostfildern

Hinweis der Herausgeber
Für den Inhalt namentlich gekennzeichneter Beiträge ist die jeweilige Autorin bzw. der jeweilige Autor verantwortlich.

Impressum
Karlsruher Institut für Technologie (KIT)
KIT Scientific Publishing
Straße am Forum 2
D-76131 Karlsruhe
www.ksp.kit.edu

KIT – Universität des Landes Baden-Württemberg und
nationales Forschungszentrum in der Helmholtz-Gemeinschaft

KIT Scientific Publishing 2011
Print on Demand

ISBN 978-3-86644-654-0

Vorwort

Während die Planung und Ausführung von Betonbauwerken mit hohen statischen Anforderungen heute sicherlich zum Tagesgeschäft in Planungsbüros und Baufirmen gehört, besteht bei der Konzeption von Bauteilen, die einem chemischen Angriff ausgesetzt sind, häufig große Unsicherheit, sowohl bei der Ermittlung des maßgebenden Beanspruchungsszenarios als auch bei der Festlegung der relevanten Maßnahmen. Diese Verunsicherung ist insbesondere auf die hohe Komplexität der bei einem chemischen Angriff ablaufenden chemischen und physikalischen Prozesse zurückzuführen. Darüber hinaus ist die Zusammensetzung des Angriffsmediums häufig nur unzureichend bekannt und bereits geringfügige Veränderungen können sich auf die Stärke des zu erwartenden Angriffs signifikant auswirken. Dem gegenüber steht – bei korrekter Planung und Ausführung – die außergewöhnlich hohe Beständigkeit des Werkstoffs Beton gegenüber den angreifenden Medien und damit die Möglichkeit „Schutz und Widerstand durch Betonbauwerke bei chemischem Angriff" zu realisieren.

Im vorliegenden Tagungsband zum 8. Symposium Baustoffe und Bauwerkserhaltung geben namhafte Autoren zunächst einen umfassenden Überblick über die maßgebenden Mechanismen des chemischen Betonangriffs und erläutern anschließend an ausgewählten Beispielen, wie eine hohe Dauerhaftigkeit des Betons bei typischen Angriffsarten sichergestellt werden kann.

Im Themenblock Grundlagen wird zunächst auf die zwei wesentlichen Angriffsarten, den treibenden und den lösenden Betonangriff eingegangen. Der zweite Themenblock befasst sich mit den relevanten Regelwerken und Maßnahmen zur Beherrschung eines chemischen Angriffs. Neben den im Rahmen der Norm zulässigen Maßnahmen werden hier insbesondere Sonderlösungen und Gutachtervorschläge beleuchtet. Im dritten Themenblock stellen Praktiker aus Planung und Ausführung einzelne Projekte aus dem Themenfeld des Bauens in chemisch angreifender Umgebung vor. Die einzelnen Beiträge dieses Blocks reichen von der weißen Wanne, über Wasserbehälter, Biogasanlagen und Klärwerke bis hin zu den Besonderheiten des Bauens in einer Raffinerie. Im vierten Themenblock werden schließlich das landwirtschaftliche Bauen und der Bau von LAU-Anlagen ausführlich erläutert.

Der vorliegende Tagungsband fasst die Beiträge der einzelnen Referenten zusammen.

Die Veranstalter

Inhalt

Widerstandsfähige Betonkonstruktionen unter chemischem Angriff

Michael Haist und Harald S. Müller

Zusammenfassung

Die Widerstandsfähigkeit von Betonkonstruktionen bei einem chemischen Angriff hängt, neben den Betoneigenschaften, wesentlich von der Art und der Konzentration des Angriffsmediums, der Temperatur sowie von der Art der Beaufschlagung bzw. Umströmung ab. Im vorliegenden Überblicksbeitrag wird zunächst auf die möglichen Angriffsszenarien eingegangen, bevor anschließend die verschiedenen Angriffsmechanismen näher erläutert werden. Für einen mineralsauren Angriff werden Berechnungsformeln zur Vorhersage der Korrosionstiefe in Abhängigkeit vom pH-Wert der Säure angegeben, die unter Einschränkungen ggf. auch auf einen biogenen Säureangriff übertragen werden können. Neben dem mineralsauren Angriff werden im vorliegenden Beitrag der biogene Säureangriff und der treibende Angriff z. B. durch Sulfate kurz vorgestellt. Für eingehende Informationen zu den einzelnen Themen wird auf die einzelnen Beiträge des vorliegenden Tagungsbands sowie auf weiterführende Literatur verwiesen.

1 Allgemeines

Der Werkstoff Beton besitzt eine hohe Widerstandsfähigkeit gegenüber einer Vielzahl von verschiedenen Umweltangriffen. Dies gilt auch für die meisten, in der Praxis vorkommenden chemischen Angriffsarten. Betrachtet man diesbezüglich die normativ eingeführten Expositionsklassen, so stellt man fest, dass im Gegensatz beispielsweise zu einem Angriff durch Karbonatisierung oder Chloride, bei denen jeweils ein Angriffsmedium mit entsprechendem Angriffsmechanismus festgelegt ist, es sich bei der Expositionsklasse XA „Chemischer Angriff" jedoch um einen Überbegriff handelt, der die Wechselwirkung des Betons mit verschiedenen, in ihrer Wirkungsweise ggf. sehr unterschiedlichen Stoffen beschreibt.

Im vorliegenden Beitrag wird zunächst auf die Identifizierung und entsprechende Festlegung des maßgebenden Angriffsszenarios eingegangen. Anschließend werden die verschiedenen Angriffsmechanismen sowie deren Einflussgrößen kurz vorgestellt. Für nähere Informationen zu den verschiedenen Fragestellungen wird auf die einzelnen Beiträge des vorliegenden Tagungsbands verwiesen. Der Beitrag schließt mit einer kurzen Zusammenfassung.

2 Feststellung des Angriffsszenarios

Eine der Hauptschwierigkeiten bei der Planung von Bauwerken in chemisch angreifender Umgebung ist zunächst die Identifizierung der den Beton angreifenden Stoffe und darauf aufbauend die formale Feststellung der vorliegenden Angriffsart.

Bei jeder Planung sollte daher zunächst geprüft werden, mit welchen Stoffen der Beton während seiner Lebensdauer planmäßig aber auch außerplanmäßig in Berührung kommt bzw. kommen kann. Einen guten Überblick über alle wesentlichen betonangreifenden Stoffe und deren Vorkommen geben DIN 4030 [1] sowie Grübl et al. [2]. Hinweise zur Planung von Bauwerken, die durch freies Wasser angeströmt werden, geben beispielsweise Grube et al. [3]. Im Falle von erdberührten Bauwerken bedeutet dies, dass zunächst alle über den Bauort verfügbaren Daten zur Beschaffenheit des Baugrunds sowie zur Zusammensetzung des anstehenden Grundwassers herangezogen werden sollten. Weitere Anhaltspunkte für eine eventuelle Gefährdung des Betons durch Bodeninhaltsstoffe sind beispielsweise schwarz-gräuliche, ggf. mit roten Einschlüssen durchsetzte Verfärbungen des anstehenden Erdreichs.

Liegen sowohl aus der Bewertung der Bestandsdaten als auch aus den obigen Beobachtungen Verdachtsmomente für das Vorhandensein chemisch angreifender Stoffe vor, sollte in jedem Fall eine Beprobung, sowohl des anstehenden Grundwassers aber ggf. auch des Bodens nach DIN 4030-2 [1], vorgenommen werden (siehe auch [4]). Von zentraler Bedeutung für die spätere Beurteilung der Angriffsstärke ist, bei diesen Untersuchungen neben den Inhaltsstoffen des Wassers und des Bodens, auch die Strömungsgeschwindigkeit des Wassers im Boden mit zu erfassen. Mittlere bis hohe Strömungsgeschwindigkeiten sind dabei mit einer ständigen Zufuhr von frischem Angriffsmedium gleichzusetzen, wodurch der Angriff verstärkt wird. Mit Hilfe von Abbildung 1 kann dabei vom Durchlässigkeitsbeiwert k des Bodens auf den Diffusionskoeffizienten anorganischer Stoffe im Porenwasser des Bodens geschlossen werden [3]. Gegebenenfalls muss die Messung der Strömungsgeschwindigkeit des Wassers daher an mehreren Stellen des Baufelds sowie in unterschiedlichen Schichttiefen erfolgen.

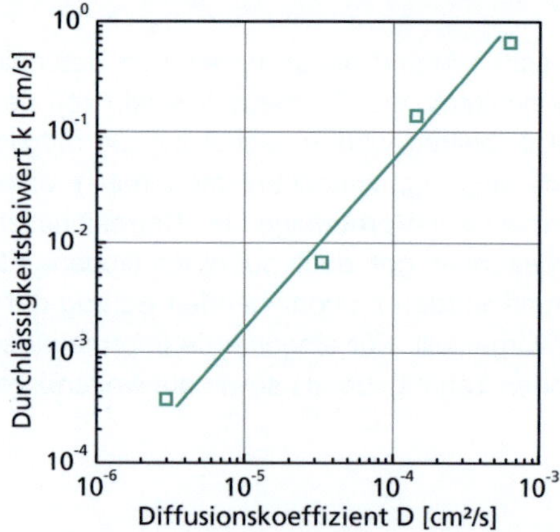

Abb. 1   Zusammenhang zwischen dem Durchlässigkeitsbeiwert k und dem Diffusionskoeffizienten D von porösen Böden [Grube/Rechenberg4]

Der Fall mittlerer Strömungsgeschwindigkeiten bildet die Grundlage für die Festlegungen in DIN 4030 [1, 5].

Ein nach DIN 4030-2 geprüfter, zunächst unauffälliger Befund an entnommenen Wasserproben darf nicht sofort mit einem nicht vorhandenen chemischen Angriff gleichgesetzt werden. Beispielsweise sind pyrithaltige Böden in Wasserproben zunächst unauffällig. Wird diesen Böden jedoch im Zuge der Baumaßnahme – beispielsweise durch umfangreiche Erdarbeiten – Sauerstoff zugeführt, so kommt es zu Oxidationsprozessen im Boden, durch die Sulfate und Schwefelsäure freigesetzt werden können. Diese wirken wiederum betonangreifend [1].

Nicht weniger komplex ist die Bewertung von Abwässern oder biogenen Zwischen- und Abfallprodukten in den Bereichen des landwirtschaftlichen Bauens, der Biogastechnik und der Abwasserbehandlung anzusehen [6, 7]. Während die Inhaltsstoffe beispielsweise von Abwässern oder von Silage vergleichsweise gut erfasst sind und für den Werkstoff Beton i. d. R. kein gravierendes Problem in Bezug auf die chemische Beständigkeit darstellen, führen unvermeidbare bakterielle Abbauprozesse lokal häufig zu einem stark verschärften Angriff [8]. Eine häufig in Abwasserkanälen anzutreffende Form des chemischen Angriffs ist so beispielsweise die Einwirkung von Schwefelsäure oder organischer Säuren, die wiederum durch Bakterien oder Pilze gebildet werden [8, 9]. Die Stärke der Säure und damit des Angriffs ist wiederum von den Strömungsbedingungen und der Sauerstoffzufuhr im Abwasser-

kanal abhängig und kann nur sehr schwer vorhergesagt werden. Einen guten Überblick über die hier anzuwendende Vorgehensweise geben beispielsweise [6, 7].

Von zentraler Bedeutung für die Bewertung eines chemischen Angriffs ist neben der Frage, ob und in welchem Umfang das Angriffsmedium während der Dauer des Angriffs kontinuierlich ausgetauscht wird, auch der mechanische Abtrag des geschädigten Betons, z. B. durch Abrasion. Wie in Abschnitt 3.1 erläutert wird, bildet Zementstein während des Korrosionsvorgangs an der Angriffsfläche häufig eine relativ dichte, jedoch mechanisch sehr weiche und empfindliche Schutzschicht aus. Wird diese beispielsweise durch Geschiebe- oder Schmutztransport abgetragen, so wird der Angriff dadurch signifikant verstärkt. Eine grobe Einschätzung dieses Einflusses gestatten beispielsweise Laboruntersuchungen von Grube et al. [3], bei denen verschiedene Angriffsarten jeweils mit und ohne gleichzeitige mechanische Einwirkung untersucht wurden. Im Mittel wurde der Angriff durch den mechanischen Abtrag der Schutzschicht um den Faktor von ca. 13 bis 20 beschleunigt [3].

Besonders schwierig ist schließlich der Angriff konzentrierter Chemikalien, Industrieabwässer und Rauchgase o. ä. zu bewerten. Detaillierte Informationen zur erwarteten Zusammensetzung dieser Medien können hier nur die späteren Nutzer der Anlage geben. Das gesamte Spektrum der zu erwartenden Angriffsmedien ist zum Zeitpunkt der Planung jedoch nicht immer bekannt. Liegt die Zusammensetzung beispielsweise des Industrieabwassers vor, wird die Beurteilung hingegen häufig durch die Vielzahl und Komplexität der enthaltenden Schadstoffe erschwert. Darüber hinaus muss mit der chemischen Bildung von Zwischenprodukten gerechnet werden, die ihrerseits wiederum den Beton angreifen.

Stehen die chemische Zusammensetzung des Angriffsmediums und die physikalischen Randbedingungen des Angriffs fest, kann in einem nächsten Schritt die für das geplante Bauteil relevante Expositionsklasse festgelegt werden. Hierzu werden in DIN EN 206-1 in Verbindung mit DIN 1045-2 und DIN 4030-1 die Gehalte bestimmter Ionen im Angriffsmedium einer bestimmten Angriffsstärke zugeordnet. Die Vorgehensweise hierbei wird von Bosold [4] erläutert. In diesem Zusammenhang muss beachtet werden, dass alle genannten Normen nur für natürliche Grundwässer und Böden sowie für Meerwasser Gültigkeit besitzen. Enthält das Angriffsmedium signifikante Mengen an Chemikalien, die nicht in den oben aufgeführten Normen benannt sind, ist eine Bewertung durch einen Gutachter erforderlich. Gleiches gilt, wenn der chemische Angriff durch Abrasion begleitet wird. Eine mögliche Vorgehensweise bei der Bewertung durch einen Gutachter wird von Stark

[10] aufgezeigt. Einen Sonderfall bilden in diesem Zusammenhang jedoch Anlagen zum Lagern, Abfüllen und Umschlagen wassergefährdender Stoffe, kurz LAU-Anlagen. Die besonderen Anforderungen bei diesen Anlagen werden von Guse [11] behandelt. Weitergehende Regelungen sind in [12] aufgeführt.

Für eine Festlegung der betontechnologischen Maßnahmen bei einem bestimmten Angriff ist zunächst ein genaues Verständnis der Angriffsmechanismen sowie der Zusammensetzung und physikalischen Eigenschaften des Angriffsmediums und des Betons erforderlich.

3 Angriffsmechanismen, Vorhersagemodelle und Gegenmaßnahmen

Von zentraler Bedeutung für die Bewertung eines chemischen Angriffs ist die Kenntnis der Angriffsmechanismen. Diese sind wiederum eine Funktion der Zusammensetzung und Struktur des Betons, des chemischen und mineralogischen Aufbaus seiner einzelnen Phasen, Gesteinskörnung, Kontaktzone, Zementstein und Porenwasser sowie der Zusammensetzung, des Drucks und der Temperatur des Angriffsmediums. Durch eine korrekte Abstimmung des Betons auf das Angriffsmedium ist es dann möglich, Betonbauwerke mit einer Nutzungsdauer von 80 bis 100 Jahren bei pH-Werten $\geq$ 4,5 sicherzustellen [13].

3.1 Saurer Angriff durch mineralsaure Wässer

Zementstein besteht i. d. R. aus den Phasen Calciumsilikathydrat (CSH), Calciumhydroxid (CH), AF-Phasen sowie der Porenlösung. In Anwesenheit von H_3O^+-Ionen aus Mineralsäuren, wie beispielsweise Salzsäure, Schwefelsäure und Salpetersäure, werden zunächst die Alkalien des Zementsteins, d. h. NaOH und KOH neutralisiert. Damit verbunden ist ein Abfall des pH-Werts des Zementsteins von ca. 13 auf Werte unter 12 [5].

$$\left. \begin{array}{l} NaOH \;+H_3O^+ \;\rightarrow\; 2H_2O + Na^+ \\ KOH \;\;\;+H_3O^+ \;\rightarrow\; 2H_2O + K^+ \end{array} \right\} \tag{1}$$

Dies leitet den nächsten Schritt des Säureangriffs ein, nämlich die Auflösung des Calciumhydroxids, das bei pH-Werten unter 12 nicht mehr chemisch stabil ist. Durch Reaktion von Calciumhydroxid mit Protonen (H^+) werden Calciumionen Ca^{2+} freigesetzt und an das Porenwasser abgegeben (siehe Gleichung 2).

$$Ca(OH)_2 + 2H^+ \rightarrow Ca^{2+} + 2H_2O \tag{2}$$

Weiterhin werden sowohl die Aluminathydratphasen als auch die Mono- und Trisulfatphasen des Zementsteins gelöst.

Während die oben beschriebenen Vorgänge nur von untergeordneter Bedeutung für die Festigkeit des Zementsteins sind, führt die anschließende Zersetzung der CSH-Phasen letztendlich zu einem vollständigen Festigkeitsverlust des Systems. Die CSH-Phasen reagieren für pH-Werte unter ca. 10 mit den Protonen der Säure (H^+) und bilden dabei ein SiO_2-reiches Gel von sehr geringer Festigkeit, jedoch vergleichsweise hoher Dichtigkeit gegenüber Diffusionsprozessen (siehe Gleichung 3).

$$5CaO \cdot 6SiO_2 \cdot 5,5H_2O + 10H^+ \\ \rightarrow 10,5H_2O + 5Ca^{2+} + 6SiO_2 \tag{3}$$

Dieses Gel spielt für die chemische Beständigkeit des Betons, solange es nicht mechanisch z. B. durch Abrasion entfernt wird, eine entscheidende Rolle. Durch seine hohe Dichtigkeit wird das weitere Eindringen der Säure in den Beton behindert und dadurch der Säureangriff stark verlangsamt. Gleiches gilt für Gips, der sich im Falle eines Schwefelsäureangriffs für hohe Sulfatgehalte ebenfalls an der Betonoberfläche bilden kann [14, 15].

Abbildung 2 zeigt schematisch die Veränderungen in einem Zementstein infolge eines einseitigen (von oben), gerichteten Säureangriffs. Die Oberfläche des säurebeaufschlagten Zementsteins ist bedeckt mit der bereits erwähnten SiO_2-reichen Kieselgelschicht (bzw. Gips-Schicht), die eine äußerst wirksame Sperre für das weitere Eindringen von Säure in den Beton darstellt (Schicht 1). Die Dichtigkeit dieser Schicht wird in [3] mit einem Diffusionswiderstand von $D \approx 2 \cdot 10^{-6}$ cm^2/s beziffert. Bei einem sehr starken Angriff für pH-Werte unter ca. 3,5 folgt auf die Kieselgelschicht eine eisenreiche, bräunlich gefärbte Schicht (Schicht 2), die aus der Ausfällung von $Fe(OH)_3$ resultiert. Der pH-Wert weist in diesem sehr dünnen Band einen sehr starken Gradienten auf und steigt vom pH-Wert des Angriffsmediums (in Abbildung 2 pH 1,0) auf Werte über ca. 10 an. Die eigentliche Korrosionsfront befindet sich in der nun anschließenden Schicht 3, in der die bereits beschriebene Zersetzung der CSH-Phasen (siehe Gleichung 3) stattfindet.

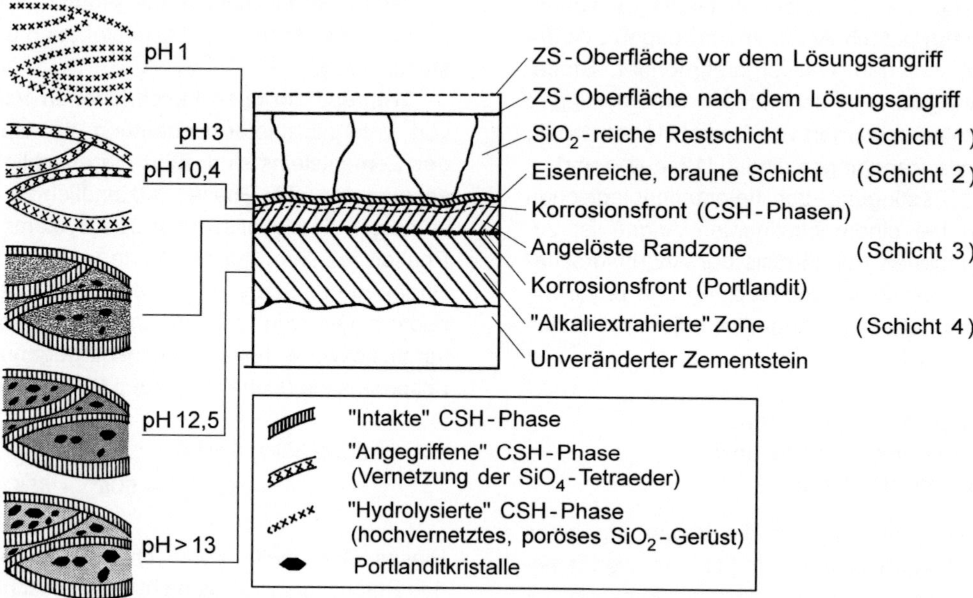

Abb. 2   Schematische Darstellung von Zementstein nach Angriff durch Säure (pH 1) sowie der festgestellten Gefügeänderungen [5]

Die Lage der Korrosionsfront – d. h. deren Abstand x von der ursprünglichen Betonoberfläche – kann nach Herold [5] für einen reinen Säureangriff nach Gleichung 4 berechnet werden. Ein ähnliches Modell stellen auch Franke et al. [16] vor.

$$x = a \cdot \sqrt{\frac{t}{t_0}} + b \cdot \frac{t}{t_0} \qquad (4)$$

In Gleichung 4 bezeichnet x die Korrosionstiefe (siehe auch Abbildung 2), t die Zeit in Minuten, $t_0 = 1$ min eine Bezugszeit und a und b die Koeffizienten zur Beschreibung des Korrosionsfortschritts.

Der Säureangriff kann danach in 4 verschiedene Stadien gegliedert werden [5]:

(I)   Initialphase: Die Initialphase ist durch eine sehr schnelle, oberflächenkontrollierte Lösung von Calciumhydroxid gekennzeichnet. Die Korrosionstiefe x ist jedoch auf den mittleren Korndurchmesser von Calciumhydroxid in Zementstein beschränkt. Stadium I wird daher bei der Berechnung der Korrosionstiefe x nach Gleichung 4 vernachlässigt.

(II)   Deckschichtbildung: Durch die Bildung der bereits beschriebenen Silikagelschicht (siehe Gleichung 3) wird der Korrosionsangriff stark verlangsamt. Die Angriffsgeschwindigkeit wird nun im Wesentlichen durch sehr langsame Diffusionsprozesse kontrolliert, die stark temperaturabhängig sind. Dieser Vorgang wird durch den ersten Term in Gleichung 4 beschrieben und ist durch eine √t-Abhängigkeit gekennzeichnet.

(III) Aufkonzentration der Lösungsprodukte: Für sehr lange Korrosionsdauern kommt es zu einer Aufkonzentration der gelösten Ionen, wodurch die die Geschwindigkeit des Säureangriffs bestimmenden Lösungsprozesse stark verlangsamt werden. Dieser Vorgang wird in Gleichung 4 durch den zweiten Term abgebildet. Der Koeffizient b zur Beschreibung dieser Abhängigkeit beträgt im Verhältnis zum Koeffizienten a dabei b/a < 2 ‰.

(IV)   Stillstand der Lösungsfront: Durch Aufkonzentration der Lösungsprodukte wird die Sättigungsgrenze erreicht und der Angriff kommt zum erliegen.

Nach Herold [5] ist der reine Säureangriff im Wesentlichen eine Funktion des pH-Werts der Säure. Auf der Grundlage von Gleichung 4 kann die Korrosionstiefe sowohl für Zementstein als auch für Beton mit einem w/z-Wert von 0,5, CEM I-Zement bei T = 20 °C entsprechend der in Tabelle 1 angegebenen Formeln in Abhängigkeit vom pH-Wert berechnet werden [5]. Hierbei wurden Korrosionsbedingungen entsprechend DIN 4030-1:1991 zugrundegelegt.

Für andere pH-Werte des Angriffsmediums als die in Tabelle 1 angegebenen Werte gibt Herold in [5] Umrechnungsbeziehungen an. Bei der Anwendung der Formeln in Tabelle 1 zur Berechnung der Korrosionstiefe muss beachtet werden, dass diese nur für eine Temperatur von 20 °C und unter der Bedingung gelten, dass die schützende Silikagelschicht (siehe Abbildung 2, Schichten 2 und 3) nicht durch mechanische Einflüsse beschädigt oder zerstört wird.

Tab. 1 Korrosionstiefe x in cm (vgl. Abbildung 2) in Abhängigkeit vom pH-Wert der angreifenden Säure für Zementstein bzw. Beton aus CEM I-Zement, w/z = 0,5 bei T = 20 °C und Angriffbedingungen nach DIN 4030-1:1991 [5]

pH	Korrosionstiefen x in cm für	
	Beton*)	Zementstein*)
1	$x = 0{,}0014\sqrt{t} + 9{,}6 \cdot 10^{-7}t$	$x = 0{,}0022\sqrt{t} + 4{,}66 \cdot 10^{-6}t$
3	$x = 0{,}0002\sqrt{t} + 1{,}42 \cdot 10^{-7}t$	$x = 0{,}0003\sqrt{t} + 3{,}38 \cdot 10^{-7}t$
5	$x = 0{,}071 \cdot 10^{-3} \cdot t^{0,5782}$	$x = 17{,}18 \cdot 10^{-5} \cdot t^{0,5430}$
7	–	$x = 9{,}8 \cdot 10^{-5} \cdot t^{0,5606}$

*) Zeit t in min

Für pH-Werte zwischen 5 und 7 ist die Bedeutung einer Aufkonzentration von Lösungsprodukten nur gering ausgeprägt. Der Koeffizient b in Gleichung 4 beträgt in diesen Fällen somit null (siehe Tabelle 1). Im Hinblick auf eine verbesserte Vorhersagegenauigkeit wird zusätzlich von der reinen Wurzelfunktion ($a \cdot t^{0,5}$) abgewichen und der Exponent entsprechend angepasst.

Der Einfluss der Temperatur auf die Korrosionsgeschwindigkeit kann nach Herold [5] auf Grundlage der Arrhenius-Gleichung abgeschätzt werden. Mit zunehmender Temperatur ist dabei eine signifikante Zunahme der Korrosionstiefe festzustellen (siehe auch [17]). Abbildung 3 zeigt die zu erwartende Korrosionstiefe x_T, bezogen auf den Wert der Korrosionstiefe $x_{20\,°C}$ bei T = 20 °C, entsprechend den Gleichungen in Tabelle 1.

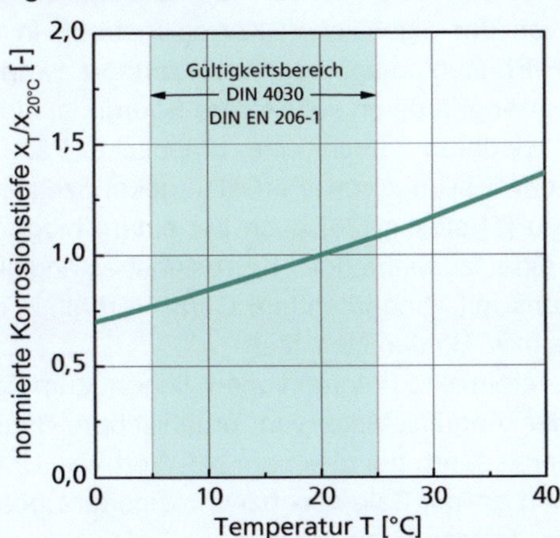

Abb. 3 Einfluss der Temperatur T auf die Korrosionstiefe: Korrosionstiefe x_T bei gegebener Temperatur T bezogen auf die Korrosionstiefe $x_{20\,°C}$ bei T = 20 °C, nach [5]

Dem chemischen Angriff durch eine Säure steht der Widerstand des Betons gegenüber. Abbildung 4 zeigt beispielsweise den Einfluss des w/z-Werts auf die Korrosionstiefe von Zementsteinen aus CEM I-Zement bei T = 20 °C. Herold [5] zufolge bewirkt eine Erhöhung des w/z-Werts um 0,1 bei rein lösendem

Angriff mineralsaurer Wässer eine Zunahme der Korrosionstiefe um ca. 25 % (siehe Abb. 4).

Auch die geeignete Wahl eines möglichst korrosionsbeständigen Zements kann der Korrosionswiderstand gesteigert werden. Als Maßzahl für die Eignung eines Zements schlägt Herold [5] den sog. Korrosionswiderstandswert K vor (siehe Gleichung 5).

$$K = \frac{SiO_2 + Al_2O_3 + Fe_2O_3}{CaO + MgO} \qquad (5)$$

Bei der Berechnung des K-Werts werden die schutzschichtbildenden Elemente im Zement SiO_2, Al_2O_3 und Fe_2O_3 den in Lösung gehenden Elementoxiden CaO und MgO, jeweils einzusetzen in M.-% des Bindemittels, gegenüber gestellt. Für herkömmliche Portlandzemente beträgt K ≈ 0,5 und nimmt durch Zugabe von Hüttensanden oder Puzzolanen, wie Flugasche oder Silikastaub deutlich zu. Eine Quantifizierung des Einflusses des K-Werts auf die Korrosionstiefe liegt jedoch in der Literatur nicht vor. Systematische Untersuchungen von Bassuoni et al. [14] zum Einfluss der Bindemittelzusammensetzung auf den Korrosionswiderstand von Beton bei schwefelsaurem Angriff bestätigen jedoch Gleichung 5. Die höchste Dauerhaftigkeit konnte dabei für Bindemittelsysteme auf Basis von Portlandzement mit Beimengungen von Silikastaub, Hüttensand und Flugasche festgestellt werden. Diese Ergebnisse werden durch die Untersuchungen von Müller et. al. [18] im vorliegenden Tagungsband bestätigt. Weiterhin betonen Bassuoni et al. [14] die Bedeutung einer möglichst hohen Packungsdichte der Gesteinskörnung und eines möglichst geringen Bindemittelgehalts (siehe auch [19]).

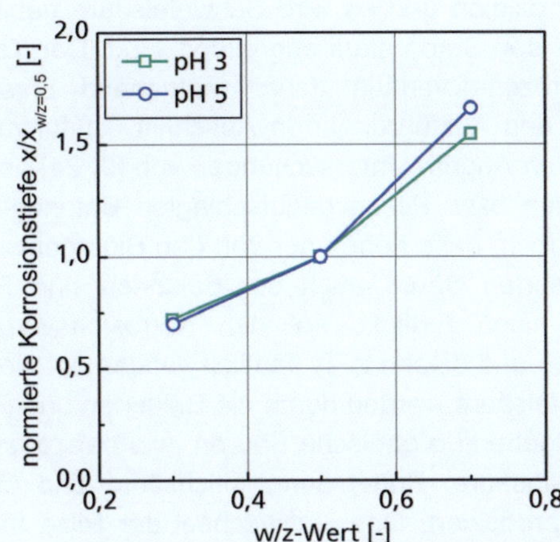

Abb. 4 Korrosionstiefe x in Abhängigkeit vom w/z-Wert und dem pH-Wert der angreifenden Mineralsäure bezogen auf einen Beton mit w/z = 0,5 für Zementstein aus CEM I bei T = 20 °C [5]

Widersprüchliche Auffassungen liegen in der internationalen Literatur zum Einfluss der Art der Gesteinskörnung auf die Säurebeständigkeit von Betonen vor. In Versuchen von Chang et. al. [20] konnte die Dauerhaftigkeit von Betonen gegenüber einem schwefelsauren Angriff durch Austausch der quarzitischen durch eine calcitische Körnung, eine deutliche Verbesserung der Korrosionsbeständigkeit erzielt werden. Die Autoren führen dies auf das hohe Säurebindevermögen des Kalksteins zurück. Dem gegenüber stehen Untersuchungen von Pavlík [21], der an Betonen mit Kalksteinmehl einen gegenüber Referenzbetonen ohne Kalksteinmehl stark beschleunigten Korrosionsfortschritt feststellt. Der Autor führt dies im Weiteren auf einen signifikanten Einfluss der Partikelgröße des Kalksteins zurück. Mit abnehmender Partikelgröße nimmt dabei die Korrosionsgeschwindigkeit zu [21]. Beddoe [22] weist schließlich auf den positiven Einfluss der Gesteinskörnung im Hinblick auf ihre, den Transportweg des eindringenden Mediums verlängernde Wirkung (Tortuosität) hin.

Eine einfache Möglichkeit, die Dauerhaftigkeit eines Bauwerks gegenüber einem chemischen Angriff zu erhöhen, ist schließlich auch die Betondeckung stark zu erhöhen. Burg [23] berichtet beispielsweise von Betondeckungen von bis zu 100 mm, die als Opferschicht in Bohrpfählen eingesetzt werden.

3.2 Angriff durch organische Säuren und biogener Angriff

Der biogene Angriff auf Beton ist häufig durch Stoffwechselprodukte sulfatreduzierender Bakterien gekennzeichnet. Unter Sauerstoffabschluss bilden diese Schwefelwasserstoff H_2S, der für den Beton einen schwachen Säureangriff darstellt. In Anwesenheit von Sauerstoff wird der vorhandene Schwefel jedoch oxidiert und es wird Schwefelsäure gebildet, die auf den Beton stark angreifend wirkt. Der Korrosionsprozess verläuft dabei weitgehend entsprechend den Ausführungen in Abschnitt 3.1 für mineralsauren Angriff. Untersuchungen von [9, 24] an mit Bakterien bzw. Pilzen beaufschlagten Betonen zeigen jedoch, dass neben der von den Bioorganismen produzierten Säure auch die Bakterien und Pilze selbst einen Einfluss auf den Korrosionsvorgang besitzen und diesen z. T. deutlich verstärken. Neben Schwefelsäure werden durch die Bakterien und Pilze weitestgehend organische Säuren, wie beispielsweise Essigsäure, Buttersäure, Milchsäure und Oxalsäure produziert. Der Stoffwechsel der Pilze führte im Versuch darüber hinaus zu einer beschleunigten Karbonatisierung des Betons [9]. Weiterhin zeigen die Ergebnisse, dass die durch die Bakterien und Pilze produzierte Säure sich in ihrer Wirkung deutlich von einer künstlich hergestellten, der bakteriellen

Säure nachempfundenen Säure, unterscheidet und einen verstärkten Angriff darstellt.

Ein ähnliches Angriffsszenarium ist auch in Güllebehältern zu beobachten. Neben dem Angriff durch organische Säuren, wie Essigsäure, Buttersäure, Propansäure, Milchsäure und Oxalsäure ist hier aber auch ein kombinierter Angriff mit Salpetersäure und ggf. Schwefelsäure zu erwarten [25]. Weiterhin müssen vergleichweise große Mengen an gelösten Salzen berücksichtigt werden. Nach [26, 27] ist ein Angriff durch Gülle, trotz ihres vergleichsweise hohen pH-Werts von 6 bis 8, einem starken Säureangriff gleichzusetzen. Feldversuche von Sánchez et al. [25, 28] zeigen, dass die verwendete Bindemittelzusammensetzung – mit bzw. ohne Flugasche, Portlandzement bzw. HS-Zement – nur einen geringen Einfluss auf die Korrosionsbeständigkeit der untersuchten Mörtel und Betone aufweist. Dennoch empfehlen die Autoren die Verwendung von Hüttensandzementen ggf. in Kombination mit Flugasche [25, 28]. Dies steht im Einklang zu Untersuchungen von Breit [13] an mit Salpeter- und Essigsäure beaufschlagten Proben für die der Autor die Verwendung von Hochofenzementen oder die Zugabe puzzolaner Zusatzstoffe wie Flugasche oder Silikastaub empfiehlt.

Untersuchungen von Bertron et al. [26, 27] zeigen, dass der Korrosionsvorgang von Zementstein und Beton bei einem Angriff durch biogene Säuren, ähnlich zum Angriff durch Mineralsäuren verläuft. Auch hier bildet sich im direkten Kontakt mit dem Angriffsmedium eine schützende Silikagelschicht, gefolgt von der eigentlichen Korrosionsfront, in der die CSH-Phasen ausgelaugt und zerstört werden. Bei einem Angriff durch sehr starke Säuren ist dieser Bereich wiederum durch eine bräunliche Färbung infolge der Fällung von $Fe(OH)_3$ gekennzeichnet. Analog zu [5] stellen [26] auch bei einem biogenen Angriff eine zunehmende Korrosionsbeständigkeit des Betons mit abnehmendem Ca/Si-Verhältnis des Zements bzw. Bindemittels fest.

Nur vereinzelte Informationen liegen zum Vergleich der Angriffsstärke von organischen Säuren und Mineralsäuren bei gleichem pH-Wert vor. Untersuchungen an mit Salpeter- bzw. Essigsäure beaufschlagten Betonproben zeigten bei gleichem pH-Wert einen verstärkten Angriff durch die organische Essigsäure [13, 29].

Auf den biogenen Angriff in Kläranlagen, Gärfuttersilos und Silageanalagen gehen Obst [8] und Steiner [7] im vorliegenden Tagungsband ein. Einen umfassenden Überblick über die Maßnahmen und Regelungen beim Bau von LAU-Anlagen gibt Guse [11]. Neben der eigentlichen Beständigkeit des Betons geht Guse auch auf die Bedeutung von Rissen und die Ausführung von Fugen ein. Werden die entsprechenden technischen Regeln eingehalten, so sind i. d. R. keinerlei Schäden zu erwarten. Dies bestätigen beispielsweise Erfahrungen von Dörr [30] bei Anwendungen in einer Raffinerie oder Ausführungen von Kordts [31] zu Beton im Kontakt mit organischen Taumitteln im Bereich des Flugplatzbaus.

3.3 Treibender Betonangriff

Betonkorrosion durch einen treibenden Angriff ist i. d. R. auf die Anwesenheit von freien Sulfationen zurückzuführen, die gelöst in Wasser im Wesentlichen durch Diffusionsprozesse in den Beton eindringen und dort unter starker Volumenvergrößerung mit Bestandteilen des Zementsteins reagieren. Reaktionspartner für die Sulfationen SO_4^{2-} im Zementstein sind im Wesentlichen Calciumaluminate und Calciumaluminathydrate CAH [32]. Calciumsilikate bzw. Calciumsilikathydrate sind hingegen gegenüber dem Sulfatangriff sehr beständig.

Der Ablauf der Reaktion sowie die Reaktionsprodukte, die im Zementstein gebildet werden, sind stark von der Sulfatkonzentration sowie vom pH-Wert des Angriffsmediums abhängig. Für geringe Sulfatkonzentrationen, hohe pH-Werte (pH 12,5 – 13,5) und Natriumäquivalente von 2 bis 4 % wird überwiegend Monosulfat gebildet. Wird jedoch gleichzeitig der pH-Wert z. B. durch einen gleichzeitigen Säureangriff auf Werte unter pH 12,5 abgesenkt, so werden auch Trisulfat (Ettringit) [32] und Gips [15] gebildet. Wie Abbildung 5 zeigt, ist in beiden Fällen zunächst mit einem temporären, geringen Anstieg der Druckfestigkeit, gefolgt von einem starken Abfall zu rechnen. Dies ist auf ein Einwachsen der großvolumigen Sulfatverbindungen in das Porensystem zurückzuführen. Sobald der Porenraum vollständig gefüllt ist, was den Festigkeitsanstieg erklärt, baut sich ein Sprengdruck auf, der durch Mikrorissbildung den beobachteten Festigkeitsabfall hervorruft und schließlich zur vollständigen Zerstörung des Betons führt.

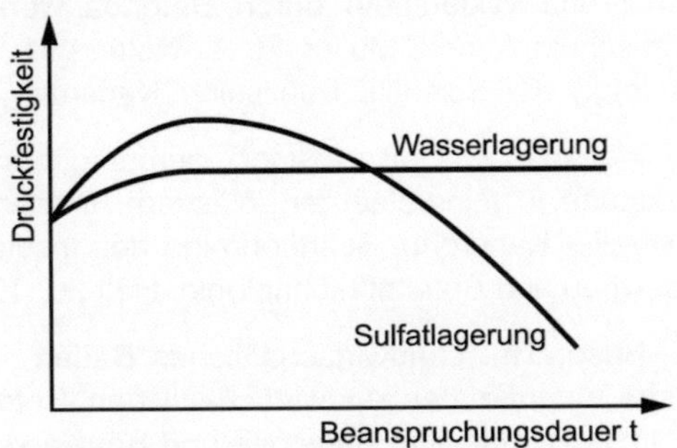

Abb. 5 Einfluss eines Sulfatangriffs auf die Druckfestigkeit von Beton im Vergleich zu rein wassergelagerten Proben [32]

Die Angriffsstärke ist nach [33, 15] stark von der Sulfatquelle, d. h. dem mitgeführten Kation abhängig. Der stärkste Angriff wurde in [33] dabei für Magnesi-

umsulfat $MgSO_4$ festgestellt. Kunther et al. [39] stellten darüber hinaus fest, dass die Stärke des Angriffs in Anwesenheit von HCO_3^-, z. B. durch Kohlensäurebildung aus Luft-CO_2, stark zurückgeht. Die Art der Sulfatquelle (d. h. Magnesium-, Natrium- oder Kaliumsulfat) beeinflusst weiterhin stark die Wirkungsweise reaktiver Zusatzstoffe im Hinblick auf deren korrosionshemmende Wirkung [33].

Grundsätzlich gilt jedoch, dass die Korrosionsbeständigkeit von Beton gegenüber einem Sulfatangriff erheblich durch Zugabe puzzolaner oder latent hydraulischer Zusatzstoffe, wie beispielsweise Silikastaub und Flugasche oder Hüttensand, gesteigert werden kann. Der positive Einfluss dieser Stoffe ist zum einen auf die Verdichtung des Porensystems und die damit verbundene Verlangsamung von Transportvorgängen zurückzuführen [33]. Wichtiger ist in diesem Zusammenhang jedoch, dass Ettringit nur in Gegenwart von gelöstem Calciumhydroxid (CH) gebildet werden kann, welches wiederum durch die oben genannten Stoffe im Beton verbraucht wird [34, 33]. Beide Einflussgrößen stehen jedoch im Wechsel miteinander. Untersuchungen von Torii et al. [33] zeigen beispielsweise, dass für Flugaschegehalte von ca. 30 M.-% v. Z. und für Silikastaubgehalte von 10 M.-% v. Z. die höchste Korrosionsbeständigkeit des Betons erzielt werden konnte. Im Hinblick auf die Zementauswahl sollte gleichzeitig der C_3A-Gehalt begrenzt und insbesondere der Quotient aus C_3A- und C_4AF-Gehalt minimiert werden [34]. Eine alleinige Reduktion des C_3A-Gehalts ist hingegen nicht ausreichend, um eine hohe Korrosionsbeständigkeit des Betons sicherzustellen [26]. Maltais et al. [35] betonen darüber hinaus die Bedeutung eines niedrigen w/z-Werts.

Im Gegensatz zum reinen Säureangriff, der mit zunehmender Temperatur verstärkt wird, ist beim Sulfatangriff eine umgekehrte Tendenz zu beobachten [36]. Neben Ettringit bildet sich bei tiefen Temperaturen unter 10 °C auch Thaumasit, für dessen Bildung den CSH-Phasen SiO_2 entzogen wird und somit der Beton an Festigkeit verliert.

Nicht nur Sulfat führt im Beton zu einem treibenden Angriff. Ausgeprägte Treiberscheinungen sind beispielsweise auch in Anwesenheit von Magnesiumchlorid festzustellen [37]. Da Magnesiumionen als austauschfähige Salze wirken, Calciumhydroxid lösen und unter starker Volumenvergrößerung Magnesiumhydroxid bilden, muss die betontechnologische Zielsetzung bei diesem Angriffsszenario sein, den Gehalt an Calciumhydroxid im Beton zu minimieren. Als günstig haben sich hier Hüttensandzement in Verbindung mit Silikastaub, bei einer guten Nachbehandlung des Betons erwiesen [37]. Untersuchungen zum Einfluss weicher (demineralisierter) Wässer wurden schließlich von [35, 17] vorgestellt und stellen ein ausgeprägtes Lösungsverhalten von Cacliumhydroxid in Verbindung mit einer De-Calcifizierung der CSH-Phasen und einen damit verbundenen Festigkeitsabfall fest.

Ausgeprägte Treiberscheinungen können am Beton auch im Falle einer Alkali-Kieselsäure-Reaktion (AKR) beobachtet werden. Wie der Name andeutet, kommt es dabei zu einer Reaktion der Alkalien des Zementsteins (insb. NaOH und KOH) mit reaktiven, amorphen oder feinkristallinen Silikaten einer Gesteinskörnung. Die Alkali-Kieselsäure-Reaktion stellt somit keinen klassischen chemischen Angriff dar. Grundvoraussetzung für das Auftreten ausgeprägter Treiberscheinungen ist jedoch die Anwesenheit von freiem Wasser, das durch den Beton aufgesaugt werden kann, sowie von reaktiven Bestandteilen der Gesteinskörnung, siehe hierzu auch [32].

Einen umfassenden Überblick über die Mechanismen der Betonkorrosion bei einem treibenden Betonangriff gibt [38] im vorliegenden Tagungsband.

4   Zusammenfassung

Beton weist – bei korrekter Planung und Ausführung – grundsätzlich eine hohe Beständigkeit gegenüber chemisch angreifenden Stoffen auf. Dennoch kommt es durch die Wechselwirkung mit dem Angriffsmedium in Abhängigkeit von dessen Aggressivität zu einer fortschreitenden Korrosion des Betons, ausgehend von der Betonoberfläche. Dies äußert sich entweder in einem sukzessiven Abtrag der Betonoberfläche beispielsweise durch lösende Säuren oder durch eine chemische Reaktion von Salzen des Angriffsmediums und bestimmten Betoninhaltsstoffen, die ggf. mit Treiberscheinungen und damit einer Rissbildung einhergehen. In der Praxis sind häufig Kombinationen dieser Schadensfälle anzutreffen.

Während die Angriffsmechanismen bei einem chemischen Angriff vergleichsweise gut erforscht sind (siehe z. B. [5, 18, 38]) besteht die zentrale Schwierigkeit bei der Planung von Bauwerken unter chemischem Angriff, in der Identifizierung und Festlegung des maßgebenden Angriffsszenarios. Einen kurzen Überblick über mögliche Angriffe und Hilfsmittel zu deren Einschätzung geben Abschnitt 2 dieses Beitrags sowie die einzelnen Beiträge des vorliegenden Tagungsbands.

Wenn die Zusammensetzung des Angriffsmediums identifiziert bzw. bekannt ist, ist zu prüfen, ob es sich um einen Angriff durch mineralsaure Wässer, einen biogenen Angriff, einen treibenden Angriff oder Kombinationen der genannten Angriffsarten handelt. Im Falle eines mineralsauren Angriffs kann die zu erwartende Korrosionstiefe vergleichsweise einfach durch Anwendung der in Abschnitt 3.1 aufgeführten Formeln berechnet werden. Der Angriff ist dabei im Wesentlichen vom pH-Wert der anstehenden Mineralsäure und von der Temperatur abhängig. Mit abnehmendem w/z-Wert und abnehmendem Ca/Si-

Verhältnis des verwendeten Bindemittels steigt dabei die Korrosionsbeständigkeit des Betons.

Biogene Säuren unterscheiden sich in ihrer Wirkung nur unwesentlich von Mineralsäuren. Für die Berechnung der Korrosionstiefe liegen in der internationalen Literatur jedoch keine konkreten Modelle vor. Ist die Säure ein Stoffwechselprodukt von Bakterien und Pilzen, muss beachtet werden, dass der Angriff durch die Besiedelung der Betonoberfläche mit diesen Organismen verstärkt wird (siehe Abschnitt 3.2).

Der sog. treibende Angriff wird zumeist durch chemische Reaktionen von Calciumaluminatphasen des Zementsteins mit Sulfationen, beispielsweise aus dem Grundwasser verursacht. Die damit einhergehende Volumenvergrößerung führt zu einer inneren Rissbildung. Bei tiefen Temperaturen kann zusätzlich Thaumasit gebildet werden, wodurch die CSH-Struktur des Zementsteins zusätzlich geschwächt wird (siehe Abschnitt 3.3).

Enthält die Gesteinskörnung reaktive silikatische Anteile, können diese durch Reaktion mit Alkalien des Zementsteins unter Einbindung von Wasser ebenfalls eine Treibwirkung verursachen, die eine vollständige Zerstörung des Betons zur Folge hat (AKR).

Literatur

[1]   DIN 4030: Beurteilung betonangreifender Wässer, Böden und Gase. Beuth-Verlag, Berlin, 2008

[2]   Grübl, P.; Weigler, H.; Karl, S.: Beton. Ernst und Sohn Verlag, Berlin, 2001

[3]   Grube, H.; Rechenberg, W.: Betonabtrag durch chemisch angreifende saure Wässer. In: Beton, Hefte 11 und 12, 1987, S. 446-451 und S. 495-498

[4]   Bosold, D.: Maßnahmen gemäß Regelwerken – Vorgehensweise bei Expositionsklasse XA. In: 8. Symposium Baustoffe und Bauwerkserhaltung – Schutz und Widerstand durch Betonbauwerke bei chemischem Angriff. Müller, H. S., Nolting, U., Haist, M. (Hrsg.), KIT Scientific Publishing, Karlsruhe, 2011

[5]   Herold, G.: Korrosion zementgebundener Werkstoffe in mineralsauren Wässern. Dissertation, Universität Karlsruhe, Schriftenreihe des Instituts für Massivbau und Baustofftechnologie, Heft 36, 1999

[6]   Bose, Th.: Landwirtschaftliches Bauen – Chemische Angriffe bei landwirtschaftlichen Betonbauten. In: 8. Symposium Baustoffe und Bauwerkserhaltung – Schutz und Widerstand durch Betonbauwerke bei chemischem Angriff. Müller, H. S., Nolting, U., Haist, M. (Hrsg.), KIT Scientific Publishing, Karlsruhe, 2011

[7]   Steiner, J.: Gärfutter-Fahrsilos aus Stahlbeton – Randbedingungen für die Planung und Probleme

durch chemischen Angriff. In: 8. Symposium Baustoffe und Bauwerkserhaltung – Schutz und Widerstand durch Betonbauwerke bei chemischem Angriff. Müller, H. S., Nolting, U., Haist, M. (Hrsg.), KIT Scientific Publishing, Karlsruhe, 2011

[8] Obst, U.: Biofilme und Beton – eine wechselvolle Beziehung. In: 8. Symposium Baustoffe und Bauwerkserhaltung – Schutz und Widerstand durch Betonbauwerke bei chemischem Angriff. Müller, H. S., Nolting, U., Haist, M. (Hrsg.), KIT Scientific Publishing, Karlsruhe, 2011

[9] Magniont, C.; Coutand, M.; Bertron, A.; Cameleyre, X. ; Lafforgue, Ch. ; Beaufort, S. ; Escadeillas, G. : A new test method to assess the bacterial deterioration of cementitious materials. In: Cement and Concrete Research (2011), DOI: 10.1016/j.cemconres.2011.01.014

[10] Stark, J.: Maßnahmen nach Gutachterlösung. In: 8. Symposium Baustoffe und Bauwerkserhaltung – Schutz und Widerstand durch Betonbauwerke bei chemischem Angriff. Müller, H. S., Nolting, U., Haist, M. (Hrsg.), KIT Scientific Publishing, Karlsruhe, 2011

[11] Guse, U.: Beton in LAU-Anlagen. In: 8. Symposium Baustoffe und Bauwerkserhaltung – Schutz und Widerstand durch Betonbauwerke bei chemischem Angriff. Müller, H. S., Nolting, U., Haist, M. (Hrsg.), KIT Scientific Publishing, Karlsruhe, 2011

[12] Deutscher Ausschuss für Stahlbeton (DAfStb): DAfStb-Richtlinie Betonbau beim Umgang mit wassergefährdenden Stoffen. Beuth Verlag, Berlin, 2004

[13] Breit, W.: Säurewiderstand von Beton. In: Beiträge zum 41. Forschungskolloquium des DAfStb, Forschungsinstitut der Zementindustrie, Düsseldorf, 2002

[14] Bassuoni, M. T.; Nehdi, M. L.: Resistance of self-consolidating concrete to sulfuric acid attack with consecutive pH reduction. In: Cement and Concrete Research 37 (2007), S. 1070-1084

[15] Lothenbach, B.; Bary, B.; Le Bescop, P.; Schmidt, Th.; Leterrier, N.: Sulfate ingress in Portland cement. In: Cement and Concrete Research 40 (2010), S. 1211-1225

[16] Franke, L.; Kiekbusch, J.: Behaviour of high-performance concrete under acid attack. In: Proceedings of the International Conference on the durability of high performance concrete and final workshop of CON-Life, Setzer et al. (Hrsg.), Sept. 2004

[17] Kamali, S.; Moranville, M.; Leclerq, St.: Material and environmental parameter effects on the leaching of cement pastes – experiments and modelling. In: Cement and Concrete Research 38 (2008), S. 575-585

[18] Müller, Ch.; Schäffel, P.: Lösender Betonangriff. In: 8. Symposium Baustoffe und Bauwerkserhaltung – Schutz und Widerstand durch Betonbauwerke bei chemischem Angriff. Müller, H. S., Nolting, U., Haist, M. (Hrsg.), KIT Scientific Publishing, Karlsruhe, 2011

[19] Fattuhi, N. I.; Hughes, B. P.: The performance of cement paste and concrete subjected to sulphuric acid attack. In: Cement and Concrete Research 18 (1988), S. 545-553

[20] Chang, Z.-T.; Song, X.-J. ; Munn, R. ; Marosszeky, M. : Using limestone aggregates and different cements for enhancing resistance of concrete to sulphuric acid attack. In: Cement and Concrete Research 35 (2005), S. 1486-1494

[21] Pavlík, V.: Effect of carbonates on the corrosion rate of cement mortars in nitric acid. In: Cement and Concrete Research 30 (2000), S. 481-489

[22] Beddoe, R. E.; Dorner, H. W.: Modelling acid attack on concrete – Part I: The essential mechanisms. In: Cement and Concrete Research 35 (2005), S. 2333-2339

[23] Burg, R.: Gründungskonstruktionen in chemisch angreifender Umgebung. In: 8. Symposium Baustoffe und Bauwerkserhaltung – Schutz und Widerstand durch Betonbauwerke bei chemischem Angriff. Müller, H. S., Nolting, U., Haist, M. (Hrsg.), KIT Scientific Publishing, Karlsruhe, 2011

[24] de Windt, L.; Devillers, Ph.: Modeling the degradation of Portland cement pastes by biogenic organic acids. In: Cement and Concrete Research 40 (2010), S. 1165-1174

[25] Sánchez, E.; Moragues, A.; Massana, J.; Guerrero, A.; Fernandez, J.: Effect of pig slurry on two cement mortars – changes in strength, porosity and crystalline phases. In: Cement and Concrete Research 39 (2009), S. 798-804

[26] Bertron, A.; Escadeillas, G.; Duchesne, J.: Cement pastes alteration by liquid manure organic acids – chemical and mineralogical characterization. In: Cement and Concrete Research 34 (2004), S. 1823-1835

[27] Bertron, A.; Duchesne, J.; Escadeillas, G.: Accelerated tests of hardened cement pastes alteration by organic acids – analysis of the pH effect. In: Cement and Concrete Research 35 (2005), S. 155-166

[28] Sánchez, E.; Massana, J.; Garcimartín, M. A.; Moragues, A.: Mechanical strength and microstructure evolution of fly ash cement mortar submerged in pig slurry. In: Cement and Concrete Research 38 (2008), S. 717-724

[29] Shi, C.; Stegemann, J. A.: Acid corrosion resistance of different cementing materials. In: Cement and Concrete Research 30 (2000), S. 803-808

[30] Dörr, R.: Planung und Ausführung von Betonbauteilen in einer Raffinerie. In: 8. Symposium Bau-

stoffe und Bauwerkserhaltung – Schutz und Widerstand durch Betonbauwerke bei chemischem Angriff. Müller, H. S., Nolting, U., Haist, M. (Hrsg.), KIT Scientific Publishing, Karlsruhe, 2011

[31] Kordts, St.: Wasserbehälter und Regenauffangkonstruktionen aus Beton. In: 8. Symposium Baustoffe und Bauwerkserhaltung – Schutz und Widerstand durch Betonbauwerke bei chemischem Angriff. Müller, H. S., Nolting, U., Haist, M. (Hrsg.), KIT Scientific Publishing, Karlsruhe, 2011

[32] Stark, J.; Wicht, B.: Dauerhaftigkeit von Beton – Der Baustoff als Werkstoff. Birkhäuser Verlag, Basel, Schweiz, 2001

[33] Torii, K.; Kawamura, M.: Effects of fly ash and silica fume on the resistance of mortar to sulphuric acid and sulphate attack. In: Cement and Concrete Research 24 (1994) Nr. 2, S. 361-370

[34] Wischers, G.; Sprung, S.: Verbesserung des Sulfatwiderstandes von Beton durch Zusatz von Steinkohlenflugasche – Sachstandsbericht Mai 1989. In: Beton 40 (1990) Heft 1, S. 17-20 und Beton 40 (1990), Heft 2, S. 62-66

[35] Maltais, Y.; Samson, E.; Marchand, J.: Predicting the durability of Portland cement systems in aggressive environments – laboratory validation. In: Cement and Concrete Research 34 (2004), S. 1579-1589

[36] Richards, J. D.: The Effect of various sulphate solutions on the strength and other properties of cement mortars at temperatures up to 80 °C. In: Magazine of Concrete Research 17 (1965) Nr. 51, S. 69-76

[37] Tumidajski, P. J.; Chan, G. W.: Durability of high-performance concrete in magnesium brine. In: Cement and Concrete Research 26 (1996), S. 557-565

[38] Ludwig, H.-M.: Treibender Betonangriff. In: 8. Symposium Baustoffe und Bauwerkserhaltung – Schutz und Widerstand durch Betonbauwerke bei chemischem Angriff. Müller, H. S., Nolting, U., Haist, M. (Hrsg.), KIT Scientific Publishing, Karlsruhe, 2011

[39] Kunther, W.; Lothenbach, B.; Scrivener, K.: Influence of carbonate in sulphate environments. In: Concrete in aggressive aqueous environments, Proceedings, Alexander, Bertron (Hrsg.), RILEM, Toulouse, Frankreich, 2009, S. 498-499

5   Autoren

Prof. Dr.-Ing. Harald S. Müller
Dr.-Ing. Michael Haist
Institut für Massivbau und Baustofftechnologie
Karlsruher Institut für Technologie (KIT)
Gotthard-Franz-Str. 3
76131 Karlsruhe

Treibender Betonangriff

Horst-Michael Ludwig

Zusammenfassung

Im vorliegenden Beitrag werden die unterschiedlichen Formen des treibenden Angriffs diskutiert, wobei der Schwerpunkt auf den Sulfatangriff gelegt wird. Dabei ist grundsätzlich zwischen einem inneren und einem äußeren Angriffsszenario zu unterscheiden. Beim inneren Sulfatangriff durch bereits im Beton befindliche Sulfationen verdient die verspätete Ettringitbildung infolge einer unsachgemäßen Warmbehandlung besondere Beachtung. Hierbei wird die unschädliche Ettringitbildung im Frischbeton aufgrund zu hoher Warmbehandlungstemperaturen unterdrückt und es kommt zu einer verspäteten Ettringitbildung im Festbeton, die aufgrund der damit verbundenen Volumenexpansion zur Schädigung führt. Beim äußeren Sulfatangriff erfolgt die Bildung expansiver Phasen durch von außen eindringende Sulfationen. Durch die Neubildung von Gips oder Ettringit aus sulfatfreien oder -armen Phasen kommt es auch hier zu einer Volumenexpansion und ggf. zu einer Gefügezerstörung. Davon zu unterscheiden ist der Sonderfall einer schädigenden Thaumasitbildung. Die Thaumasitbildung ist ebenfalls mit einer leichten Expansion verbunden, die aber in diesem Fall nicht schadensauslösend ist. Vielmehr führt die mit der Thaumasitbildung einhergehende Zerstörung der C-S-H-Phasen zu einer völligen Entfestigung des Betons. Vor dem Hintergrund unterschiedlicher Reaktionspartner und Bildungsmechanismen sind zur Vermeidung einer schädigenden Thaumasitbildung andere Vermeidungsstrategien notwendig als beim klassischen Sulfatangriff mit resultierender Gips- oder Ettringitbildung.

1 Allgemeines

Bei einem treibenden Angriff auf Beton entstehen Phasen, die im Vergleich zu den Ausgangsphasen ein größeres Volumen einnehmen. Der bei der Phasenneubildung entstehende Druck verursacht Dehnungen und ggf. Spannungen im Betongefüge, die bei lokaler Überschreitung der Zugfestigkeit zur Rissbildung führen.

Im vorliegenden Beitrag sollen die verschiedenen Formen des treibenden Betonangriffs diskutiert werden, wobei der Schwerpunkt auf die Erörterung des Sulfatangriffs gelegt wird. Die Alkali-Kieselsäure-Reaktion, die ebenfalls zu Dehnungen führen kann und somit dem treibenden Betonangriff zuzuordnen wäre, bildet eine eigenständige Problematik, die hier nicht diskutiert werden soll.

2 Kalk- und Magnesiatreiben

Ursächlich für ein Kalk- oder Magnesiatreiben ist das Vorliegen von relevanten Mengen an freien Calcium- bzw. Magnesiumoxid im Beton. Eine entsprechende Reaktionsträgheit vorausgesetzt, wandeln sich beide Oxide im durchfeuchteten Festbeton nach einer gewissen Zeit in die entsprechenden Hydroxide um. Bei der Entstehung des Calciumhydroxids aus freiem Calciumoxid ist mit einer Volumenvergrößerung um das 1,9fache zu rechnen. Die Bildung des Magnesiumhydroxides aus freiem Magnesiumoxid ist mit einer Volumenvergrößerung um das 2,2fache verbunden. In beiden Fällen können die auftretenden Expansionen zu einer Betonschädigung führen (Abbildung 1).

Abb. 1: Betonschaden durch Kalktreiben (Auslöser: verunreinigte Gesteinskörnung)

Die im Zement enthaltenen Mengen an freiem Calciumoxid bzw. Magnesiumoxid werden während der Zementherstellung streng überwacht. Im Fall des Freikalkgehaltes existieren allerdings aufgrund der starken Zementabhängigkeit für die ggf. auftretende Expansion keine allgemeingültigen Grenzwerte. Der maximale Gehalt an Magnesiumoxid im Zementklinker ist hingegen innerhalb der DIN EN 197 auf maximal 5 M.-% begrenzt.

Die wenigen aber spektakulären Schadensfälle, die in den letzten Jahren aufgrund eines Kalk- oder Magnesiatreibens aufgetreten sind, wurden nicht durch zu hohe Gehalte der freien Oxide im Zement ausgelöst. Vielmehr handelte es sich um Schäden infolge unzulässiger Vorfrachten oder verunreinigter Mischanlagen.

3 Sulfatangriff

Prinzipiell kann der Sulfatangriff in einen inneren und einen äußeren Angriff eingeteilt werden. Beim inneren Sulfatangriff liegen alle Ausgangsstoffe für eine auftretende Treibreaktion bereits im erhärteten Beton vor. Unter geeigneten Bildungsbedingungen können relativ schnell expansive neue Phasen entstehen. Hingegen müssen bei einem äußeren Sulfatangriff zunächst die Sulfationen in den Beton hinein diffundieren, um dort mit den entsprechenden Zement- bzw. Betonbestandteilen reagieren zu können.

3.1 Innerer Sulfatangriff

Bei der Zementherstellung werden dem Zementklinker bei der Mahlung unterschiedliche Calciumsulfate zugegeben, um die ansonsten sehr hitzige Reaktion der aluminathaltigen Klinkerphasen mit Wasser zu verzögern und eine Verarbeitbarkeit des Frischbetons zu gewährleisten. Dabei wird im Rahmen der sogenannten Sulfatoptimierung die Art und Menge der Calciumsulfate auf die reaktiven Aluminatphasen im Klinker abgestimmt. Zielstellung ist die primäre Bildung von Ettringit, der sich noppenförmig auf der Oberfläche der aluminatischen Klinkerphasen bildet und zunächst den weiteren Wasserzutritt behindert (Abbildung 2).

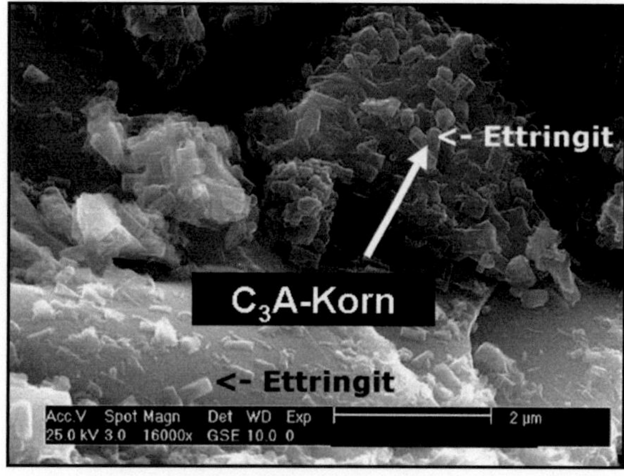

Abb. 2: Noppenförmiger Ettringit als primäres Hydratationsprodukt auf C₃A-Korn

Diese primäre Ettringitbildung im frischen Beton ist somit ausdrücklich gewollt und völlig unschädlich.

Andere Verhältnisse liegen vor, wenn durch äußere Faktoren eine primäre Ettringitbildung unterdrückt wird. So können beispielsweise zu hohe Temperaturen dazu führen, dass der Stabilitätsbereich des Ettringits verlassen wird und keine primäre Bildung dieser Phase möglich ist (Abbildung 3). Da aber dennoch alle erforderlichen Reaktionspartner für eine Ettringitbildung vorliegen, kann sich Ettringit später im bereits erhärteten Beton bilden, wenn z. B. durch die Abkühlung des Betons der Stabilitätsbereich wieder erreicht wird.

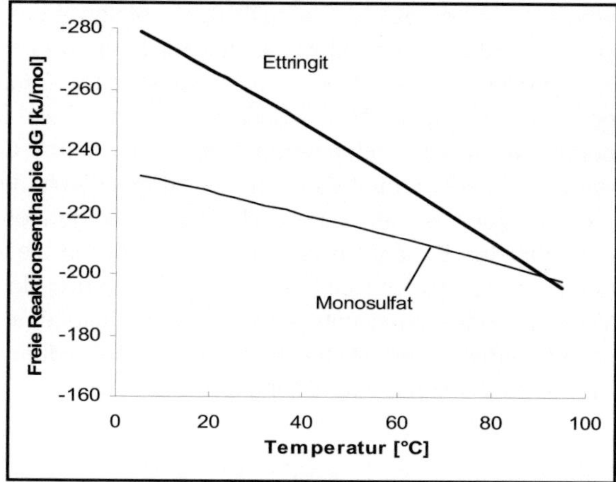

Abb. 3: Temperaturabhängigkeit der freien Reaktionsenthalpie für Ettringit und Monosulfat (Datenbasis aus [1])

Die im Rahmen dieses inneren Sulfatangriffs ablaufenden Reaktionen (Reaktion 1 bzw. Reaktion 2 in Zementkurzschreibweise) sind mit erheblichen Volumenvergrößerungen verbunden und können zu einer starken Schädigung des Betons führen (Abbildung 4).

Reaktion 1 – Ettringitbildung aus C₃A:

Aluminat + Gips + Wasser $\Rightarrow$ Ettringit

$C_3A + 3CsH_2 + 26H \Rightarrow C_3A \cdot 3Cs \cdot 32H$

Volumenvergrößerung: 8fach

Reaktion 2 – Ettringitbildung aus Monosulfat:

Monosulfat + Gips + Wasser $\Rightarrow$ Ettringit

$3C_3A \cdot Cs \cdot 12H + 3CsH_2 + 26H \Rightarrow C_3A \cdot 3Cs \cdot 32H$

Volumenvergrößerung: 2,4fach

Bei einer Warmbehandlung des Betons ist deshalb insbesondere auf die Begrenzung der Maximaltemperatur zu achten. In den einschlägigen Regelwerken [2-5] ist die Maximaltemperatur bei der Herstellung von Bauteilen, die später feuchten Umgebungsbedingungen ausgesetzt sind, in Abhängigkeit des Anwendungsfalls und des Sulfatgehalts des Zementes auf Werte zwischen 50 und 65 °C begrenzt.

Abb. 4: Betonschädigung infolge verspäteter Ettringitbildung bei zu hoher Warmbehandlungstemperatur

Die verspätete Ettringitbildung infolge unsachgemäßer Warmbehandlung ist sicher die Form des inneren Sulfatangriffs, die in der Vergangenheit zu den meisten Sulfatschäden geführt hat. Darüber hinaus ist ein innerer Sulfatangriff auch dann möglich, wenn der Sulfatgehalt im Zement oberhalb der normativen Grenzen liegt oder wenn sulfatische Verunreinigungen, die bei der Herstellung oder während des Transports in den Mörtel oder Beton eingetragen werden, den Sulfatgehalt zu stark erhöhen.

3.2 Äußerer Sulfatangriff

Die Sulfate für einen äußeren Sulfatangriff können entweder aus den Gewässern oder Böden stammen, die den Beton umgeben, oder sie können aus der Nutzung des Betonbauteils resultieren.

Natürliche Gewässer enthalten meist relativ geringe Sulfatgehalte (< 400 mg/l SO_4^{2-}), da entsprechende wasserlösliche Mineralien über geologische Zeiträume hinweg bereits ausgewaschen wurden. Höhere Sulfatkonzentrationen lassen sich in Gewässern meist dann finden, wenn sie an industriell genutzte Gebiete angrenzen und der Sulfatgehalt anthropogen z. B. durch Bergbau, Kalisalzförderung etc. verursacht wurde.

In vielen Böden ist nach Wasserzutritt nicht mit gelösten Sulfatgehalten zu rechnen, die oberhalb des Lösungsgleichgewichts des Gipses (ca. 1500 mg/l SO_4^{2-}) liegen. Allerdings kann in einigen geologischen Formationen die Anwesenheit von Alkali- und/oder Magnesiumsulfaten zu deutlich höheren Konzentrationen führen.

Neben den Sulfaten aus Gewässern und Böden können auch die Sulfate aus der unmittelbaren Nutzung der Betonbauteile einen äußeren Sulfatangriff verursachen. Hier sind insbesondere der Bereich des landwirtschaftlichen Bauens und die Nutzung der Betonbauteile in Anlagen zum Abwassertransport und zur Abwasserreinigung zu nennen.

Die Untersuchungen zur Beurteilung des vorliegenden Angriffs sollten frühzeitig bereits bei der Planung des Bauwerks beginnen, um die notwendigen betontechnologischen oder auch konstruktiven Maßnahmen mit allen Beteiligten abstimmen zu können. Die erforderlichen Maßnahmen ergeben sich aufgrund der Wasser- bzw. Bodenanalyse und der darauf basierenden Einordnung des Sulfatangriffs in die Expositionsklassen XA 1, XA 2 oder XA 3 (Tabelle 1).

Tab. 1: Grenzwerte zur Einordnung in die verschiedenen Expositionsklassen XA nach DIN 4030 [6]

	Expositionsklasse		
	XA 1	XA 2	XA 3
SO_4^{2-} in mg/l Grundwasser	≥ 200 und ≤ 600	> 600 und ≤ 3000	> 3000 und ≤ 6000
SO_4^{2-} in mg/kg Boden	≥ 2000 und ≤ 3000	> 3000 und ≤ 12000	> 12000 und ≤ 24000

Bei einem äußeren Sulfatangriff können sowohl die Erhöhung der Gefügedichtigkeit wie auch die Verringerung des Stoffpotentials, welches für die Neubildung treibender Korrosionsprodukte benötigt wird, zu einer Erhöhung des Sulfatwiderstandes des Betons führen.

Die Gefügedichtigkeit gegenüber eindringenden sulfathaltigen Lösungen wird stark von der Kapillarporosität des Zementsteins beeinflusst. Die Kapillarporen bilden für angreifende Wässer faktisch die Autobahnen in den Beton hinein. Um einen hohen Sulfatwiderstand sicherzustellen, ist die Verringerung des Kapillarporengehaltes deshalb eine der wichtigsten Aufgaben innerhalb der Betonrezeptierung. Wesentlich dabei sind die Einstellung möglichst geringer w/z-Werte und die Erzielung hoher Hydratationsgrade durch geeignete Nachbehandlungsmaßnahmen und ausreichend schnell hydratisierende Zemente.

Das Stoffpotential für eine Expansionsreaktion lässt sich durch die Anwendung von HS-Zementen nach DIN 1164-10 [7] senken. Bei den Portlandzementen mit hohem Sulfatwiderstand werden dabei der C_3A-Gehalt auf ≤ 3,0 M.-% und der Aluminiumgehalt auf ≤ 5,0 M.-% begrenzt. Bei den Hüttenzementen mit hohem Sulfatwiderstand ist der Mindestgehalt an Hüttensand reglementiert, wobei Hochofenzemente ab 66 M.-% Hüttensand (CEM III/B) als sulfatwiderstandsfähig gelten. Neben den klassischen HS-Zementen können bis zu einem Sulfatgehalt im angreifenden Wasser von SO_4^{2-} ≤ 1500 mg/l seit einiger Zeit auch Zement/ Flugasche Mischungen gemäß der sogenannten Flugascheregelung nach DIN EN 206-1/ DIN 1045-2 [10, 11] verwendet werden. Dabei muss der Flugascheanteil bei den meisten Zementarten mindestens 20 M.-% betragen. Lediglich bei den Zementen CEM II/A-T, CEM II/B-T und CEM III/A sind 10 M.-% Flugasche ausreichend.

Die Komponenten Hüttensand und Flugasche verbessern den Sulfatwiderstand nicht nur aufgrund der Verdünnung des C_3A-Gehaltes, sondern bilden bei ausreichend hohem Hydratationsgrad auch ein sehr dichtes kapillarporenarmes Gefüge aus [8, 9]. Die langsamere Reaktion dieser Kompositmaterialien gegenüber dem PZ-Klinker, gerade bei tieferen Temperaturen, muss allerdings berücksichtigt werden.

Tab. 2: Betonanforderungen nach DIN 1045-2/ DIN EN 206-1 in Abhängigkeit der Expositionsklasse [10, 11]

	Expositionsklasse		
	XA 1	XA 2	XA 3
Höchstzulässiger w/z-Wert	0,60	0,50	0,45
Mindestdruckfestigkeitsklasse a)	C25/30	C35/45 c)	C 35/45 c)
Mindestzementgehalt (kg/m³) b)	280	320	320
Mindestzementgehalt bei Anrechnung von Zusatzstoffen (kg/m³) b)	270	270	270
Andere Anforderungen		e)	d), e)

a) gilt nicht für Leichtbeton

b) bei Größtkorn von 32 mm darf Zementgehalt um 30 kg/m³ reduziert werden

c) bei Luftporenbeton eine Festigkeitsklasse niedriger

d) zusätzliche Schutzmaßnahmen erforderlich

e) oberhalb XA 1 muss HS-Zement verwendet werden, bei SO_4^{2-} ≤ 1500 mg/l im angreifenden Wasser auch Flugascheregelung möglich

Die erläuterten physikalischen und chemisch-mineralogischen Möglichkeiten zur Erhöhung des Sulfatwiderstandes sind in die Betonanforderungen nach DIN 1045-2 [10] und DIN EN 206-1 [11] für die Expositionsklasse XA mit eingeflossen (Tabelle 2).

Liegt ein chemischer Angriff der Expositionsklasse XA 3 oder stärker vor, so muss der Beton vor dem unmittelbaren Kontakt mit den angreifenden Stoffen geschützt werden, wenn nicht ein Gutachten die Eignung einer anderen Lösung bestätigt. Mögliche Schutzmaßnahmen sind beispielsweise Schutzschichten (Anstriche, Beschichtungen etc.) oder Verkleidungen (Platten, Dichtungsbahnen etc.). Ein zielführendes Prüfverfahren zur direkten Prüfung des Sulfatwiderstandes wird nach wie vor kontrovers diskutiert. Hauptkritikpunkt an den existierenden

Prüfverfahren (Wittekindt- [12], Koch-Steinegger- [13], SVA-Verfahren des DAfStb u.a.) sind die sehr hohen Konzentrationen der Sulfatlösungen (SO_4^{2-} bis 30 000 mg/l), die nicht nur zu der gewollten Überhöhung des Angriffs, sondern leider auch zu einer Änderung des Schadensmechanismus führen.

Bei hoher Sulfatkonzentration innerhalb der Prüfung wird die unter realitätsnaher Sulfatkonzentration dominierende Ettringitbildung zunehmend durch eine Gipsbildung nach Reaktionsgleichung 3 ersetzt.

<u>Reaktion 3 - Gipsbildung:</u>

$$Ca(OH)_2 + Na_2SO_4 + 2H_2O \Rightarrow CaSO_4 \cdot 2H_2O + 2NaOH$$

Volumenvergrößerung: 2,2fach

In den Abbildungen 5 und 6 sind die Ergebnisse von röntgenografischen Phasenanalysen dargestellt, die nach Sulfatprüfungen in Anlehnung an das Wittekindt-Verfahren an den Mörtelprismen durchgeführt wurden. Bei den Prüfungen wurde neben der im Verfahren vorgeschriebenen Sulfatkonzentration von 30 000 mg/l auch eine realitätsnahe Konzentration von lediglich 3 000 mg/l verwendet. Die Lagerungszeit wurde im letzteren Fall von 91 Tagen auf fünf Jahre erhöht. Der bereits angesprochene Unterschied bezüglich der sich bildenden Korrosionsprodukte ist deutlich zu erkennen. Während unter realistischen Verhältnissen Ettringit als Treibmineral dominiert, kommt es bei den hohen Konzentrationen überwiegend zu einer Gipsbildung. Dies hat natürlich unmittelbare Konsequenzen auf die Widerstandsfähigkeit verschiedener Systeme, da für die Ettringitbildung in erster Linie die C_3A-Menge/-reaktivität entscheidend ist, während die Gipsbildung von der Calciumhydroxidmenge abhängt.

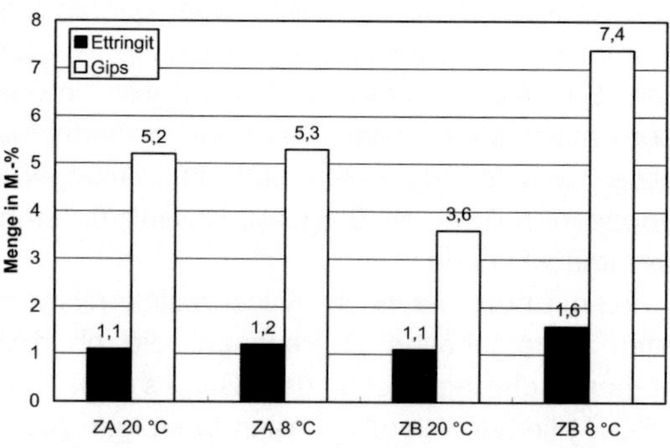

Abb. 5: Ergebnisse der XRD-Phasenanalyse von Mörteln nach 91 d Lagerung in Na_2SO_4-Lösung mit 30 000 mg SO_4^{2-}/l

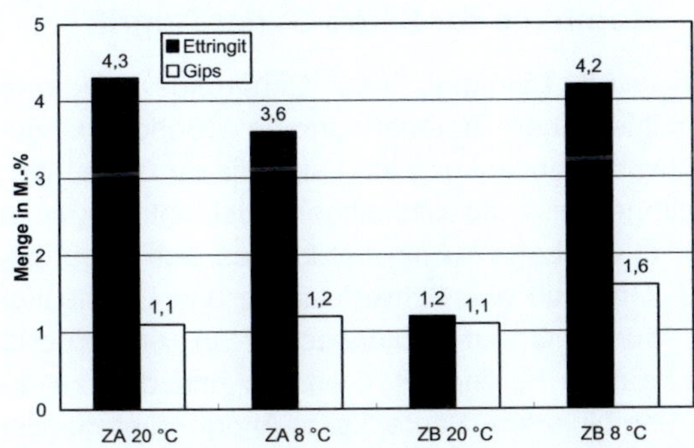

Abb. 6: Ergebnisse der XRD-Phasenanalyse von Mörteln nach 5 Jahren Lagerung in Na_2SO_4-Lösung mit 3 000 mg SO_4^{2-}/l

3.3 Sonderfall Thaumasitbildung

Der Sonderfall einer schädigenden Thaumasitbildung ist vom klassischen Sulfatschaden mit Treibmineralbildung zu unterscheiden. Die Thaumasitbildung ($CaSiO_3 \cdot CaSO_4 \cdot CaCO_3 \cdot 15H_2O$) ist zwar ebenfalls mit einer leichten Expansion verbunden, die aber in diesem Fall nicht schadensauslösend ist. Vielmehr führt die mit der Thaumasitbildung einhergehende Zerstörung der C-S-H-Phasen zu einer völligen Entfestigung des Betons. Somit ergeben sich auch sehr unterschiedliche Schadensbilder in Abhängigkeit davon, ob es infolge einer äußeren Sulfatzufuhr zu einer Ettringit- oder einer Thaumasitbildung gekommen ist. Während die Ettringitbildung zu Dehnungserscheinungen mit einhergehender Rissbildung führt, kommt es bei einer schädigenden Thaumasitbildung zu einer Schlammbildung, die oftmals mit einer vollständigen Entfestigung des Betons verbunden ist (Abbildungen 7 und 8).

Abb. 7: Zerstörte Mörtelprismen infolge einer Ettringitbildung (Quelle: VDZ Lipus)

Die Bildung von Thaumasit, welche bevorzugt bei Temperaturen < 10 °C stattfindet, kann über zwei unterschiedliche Wege erfolgen. Im ersten postulierten Reaktionsweg (Reaktionsgleichung 4 in Zementkurzschreibweise) wird vorher gebildeter Ettringit in Thaumasit umkristallisiert. Dieser indirekte Bildungsweg wird nach einem Mischglied in der Ettringit-Thaumasit–Mischkristallreihe auch Woodfordit-Route genannt. Durch diese Art der Thaumasitbildung werden die Komponenten Gips, Aluminiumhydroxid und Calciumhydroxid freigesetzt, die ihrerseits wiederum Ettringit neubilden können. Neben den bereits beschriebenen Entfestigungserscheinungen sind deshalb bei dem indirekten Bildungsweg immer auch starke Treiberscheinungen zu beobachten.

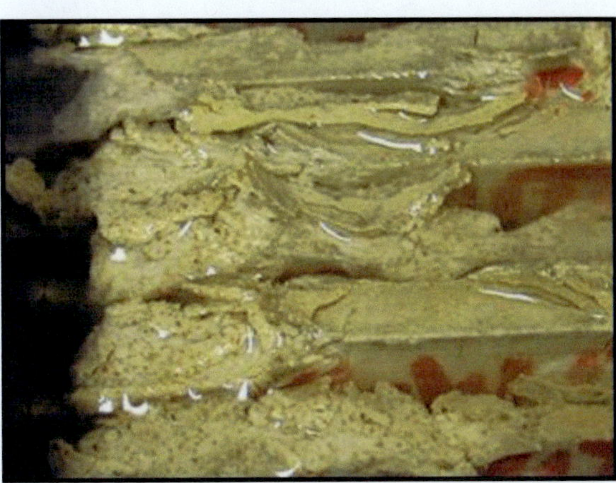

Abb. 8: Zerstörte Mörtelprismen infolge einer Thaumasitbildung (Quelle: VDZ Lipus)

Reaktion 4 – indirekte Thaumasitbildung:

Ettringit + C-S-H + Calcit + Wasser

$C_3A \cdot 3Cs \cdot 32H + C_3S_2H_3 + 2Cc + 4H$

$\Rightarrow$ Thaumasit + Gips + Aluminiumhydroxid + Portlandit

$2CS \cdot Cs \cdot Cc \cdot 15H + CsH_2 + 2AH + 4CH$

Beim zweiten Reaktionsweg (Reaktionsgleichung 5 in Zementkurzschreibweise) bildet sich Thaumasit unter Einwirkung von Gips und Calciumcarbonat direkt aus den C-S-H-Phasen. Es handelt sich hierbei also nicht um eine Umkristallisation, sondern um eine Fällung aus einer übersättigten Lösung.

Reaktion 5 – direkte Thaumasitbildung:

C-S-H + Gips + Calcit + Wasser

$C_3S_2H_3 + 2CsH_2 + 2Cc + 24H$

$\Rightarrow$ Thaumasit + Portlandit

$2CS \cdot Cs \cdot Cc \cdot 15H + CH$

Während klassische Sulfatschäden im Beton nur noch sehr selten auftreten, kam es in den letzten zwei Jahrzehnten zu einer Vielzahl von Thaumasitschäden [14-20]. Insbesondere in Großbritannien häuften sich die thaumasitbedingten Schäden in einem solch starken Umfang (über 80 dokumentierte Schadensfälle zwischen 1987 und 2002 – Abbildung 9), dass von offizieller Seite eine Expertengruppe eingesetzt wurde. Die Tatsache, dass die betroffenen Betone teilweise als sehr hochwertig angesehen werden konnten und z. T. mit HS-Zement hergestellt wurden, führte in Großbritannien zu einer umfangreichen Überarbeitung des entsprechenden Normenwerkes.

Abb. 9: Thamasitschaden an einer Brücke auf dem Motorway M5 in Großbritannien (Quelle: BRE)

Vor dem Hintergrund unterschiedlicher Reaktionspartner und Bildungsmechanismen sind zur Vermeidung einer schädigenden Thaumasitbildung andere Vermeidungsstrategien notwendig als beim klassischen Sulfatangriff mit resultierender Ettringitbildung. So führt ein höherer C_3A-Gehalt im Zement zwar nachweislich zu einer schnelleren Thaumasitreaktion. Für die Thaumasitbildung selbst ist aber nicht in jedem Fall Aluminat erforderlich (Reaktionsgleichung 5). Eine sichere Vermeidung der Reaktion allein über die Begrenzung des C_3A-Gehaltes ist somit nicht möglich. Wesentlicher sind der effektive Ausschluss des Reaktionspartners Calciumcarbonat und die konsequente Nutzung höherer Anteile an Steinkohlenflugasche oder Hüttensand. Die positive Wirkung von Steinkohlenflugasche und Hüttensand beruht sowohl auf dem dichten, kapillarporenarmen Gefüge, welches sich bei ausreichenden Hydratationsgrad einstellen kann wie auch auf der Ausbildung calciumärmerer stabilerer C-S-H-Phasen.

4   Kombinierter Säure-Sulfat-Angriff

Durch eine Belüftung des Baugrunds aufgrund unterschiedlicher Baumaßnahmen (Bodenaushub, Grundwasserabsenkung etc.) sind die im Boden ggf. enthaltenen eisendisulfidhaltigen Bestandteile (meist Pyrit) in der Lage zu oxydieren. Das sich dabei bildende Gemisch aus Schwefelsäure und Eisensulfat kann durch Grund-/Sickerwässer an erdberührte Betonbauteile herangeführt werden und dort zu einem kombinierten Säure-Sulfat-Angriff führen. Bei unbegrenztem Sauerstoffangebot können sich durch die Oxydation der eisensulfidhaltigen Böden Sulfatkonzentrationen von über 20 000 mg/l und pH-Werte < 4,0 ergeben [21].

Durch die üblichen Grundwasseranalysen nach DIN 4030, die vor der Baumaßnahme am noch nicht oxydierten Boden durchgeführt werden, lässt sich das entsprechende Gefahrenpotential nicht erkennen. Die DIN 4030 fordert deshalb in Abhängigkeit des Sulfidgehaltes und des zu erwartenden Belüftungsgrades die Einbeziehung eines Fachmanns. Bei Sulfidgehalten von ≥ 0,1 M.-% ist generell ein Fachgutachten erforderlich. Wenn von einer intensiven Belüftung des Bodens während der Baumaßnahme ausgegangen wird, muss ein Fachmann schon bei Sulfidgehalten ≥ 0,01 M.-% herangezogen werden. Um auch ohne detaillierte Bodenanalyse grob eine potentielle Pyritgefährdung abschätzen zu können, sind in der aktuellen Fassung der DIN 4030 zwei Pyritübersichtskarten (mit und ohne pyrithaltige Carbonatgesteine) enthalten.

5   Literatur, Normen und Richtlinien

[1]   Babuschkin, V.I., Mateev, G.M., Mtschedlow-Petrosjan, o.P. (1986) Termodinamika Silikatov. Strojizdat, Moskau.

[2]   DAfStb (1989) Richtlinie zur Wärmebehandlung von Beton.

[3]   DIN EN 13369 (2004) Allgemeine Regeln für Betonfertigteile.

[4]   DIN EN 13230 (2009) Bahnanwendungen – Oberbau. Gleis- und Weichenschwellen aus Beton.

[5]   DBS 918 143 (2010) Gleis- und Weichenschwellen aus Beton für Schotteroberbau (Scho) und Feste Fahrbahn (FF).

[6]   DIN 4030-1 (2008) Beurteilung betonangreifender Wässer, Böden und Gase.

[7]   DIN 1164-10 (2004) Zemente mit besonderen Eigenschaften – Zusammensetzung, Anforderungen, Übereinstimmungsnachweis von Normalzement mit besonderen Eigenschaften.

[8]   Romberg, H. (1978) Zementsteinporen und Betoneigenschaften. Betoninformationen, Heft 5, S. 50-55.

[9]   Ludwig, H.-M. (2000) Eigenschaften von Beton mit Portlandhüttenzementen. 14. Ibausil, Weimar/ BRD, Tagungsband 1, S. 1141 – 1150.

[10] DIN 1045-2 (2008) Tragwerke aus Beton, Stahlbeton und Spannbeton. Beton – Festlegung, Eigenschaften, Herstellung und Konformität – Anwendungsregeln zu DIN EN 206-1.

[11] DIN EN 206-1 (2001) Beton. Festlegung, Eigenschaften, Herstellung und Konformität.

[12] Wittekindt, W. (1960) Sulfatbeständige Zemente und ihre Prüfung. Zement-Kalk-Gips, Jg. 13, S. 565-572.

[13] Koch, A., Steinegger, H. (1960) Ein Schnellprüfverfahren für Zemente auf ihr Verhalten bei Sulfatangriff. Zement-Kalk-Gips, Jg. 13, S. 317 – 324.

[14] Crammond, N.J. (2002) The thaumasite form of sulfat attack. First International Conference on Thaumasite in Cementitious Materials. BRE, Conference Proceedings, Watford/ UK.

[15] Report of the Thaumasite Expert Group (1999) The thaumasite form of sulfate attack: Risks, diagnosis, remedial works and guidance on new constructions. Department of the Environment, Transport and the Regions, London/UK.

[16] Romer, M., Holzer, L., Pfiffner, M. (2002) Swiss tunnel structures: Concrete damage by formation of thaumasite. BRE, Conference Proceedings, Watford/ UK.

[17] Eriksen, K. (2002) Thaumasite attack on concrete at Marbjerg waterworks in Denmark. BRE, Conference Proceedings, Watford/ UK.

[18] Hagelia, P., Sibbick, R.G., Crammond, N.J., Larsen, C.K. (2002) Thaumasite and secondary calcite in some Norwegian concretes. BRE, Conference Proceedings, Watford/ UK.

[19] Freyburg, E., Berninger, A.M. (2002) Fields experiences in concrete deterioration by thaumasiteformation, possibilities and problems in thaumasite analysis. BRE, Conference Proceedings, Watford/ UK.

[20] Dorner, H., Heinz, D., Hilbig, H., Köhler, S. (2003) Thaumasitbildung in Spritzbeton – Untersuchung eines Schadensfalles. 5. Tagung Bauchemie, München/ BRD, Tagungsband S.139 – 145.

[21] Siebert, B. (1960) Betonkorrosion infolge kombinierten Säure-Sulfat-Angriffs bei der Oxidation von Eisendisulfiden im Baugrund. Dissertation, Ruhr-Universität Bochum.

6   Autor

Prof. Dr.-Ing. Horst-Michael Ludwig
F.A. Finger-Institut für Baustoffkunde
Bauhaus-Universität Weimar
Coudraystr. 11
99421 Weimar

Lösender Betonangriff

Christoph Müller und Patrick Schäffel

Zusammenfassung

In vielen Anwendungsbereichen können saure Flüssigkeiten (pH-Wert < 7,0) auf Betonbauwerke einwirken. Häufig anzutreffen sind in der Natur kohlensaure Grund- oder Oberflächenwässer, aber auch Huminsäuren. Auch in Wasser gelöste Gase wie CO_2, SO_2 oder Cl_2 bilden Säuren, die auf Betonbauwerke einwirken können. Als lösend werden schließlich auch Reaktionen mit Salzlösungen betrachtet, die Ammoniumionen (NH_4^+) oder Magnesiumionen (Mg^{2+}) enthalten. Beton ist gegenüber einem starken bzw. sehr starken, lösenden Angriff, wie z. B. durch starke Säuren, nicht in allen Fällen widerstandsfähig. Zweckmäßig zusammengesetzter Beton kann jedoch gegen schwachen und mäßig starken Angriff einen hohen Angriffswiderstand aufweisen. Deskriptive Regelungen hierzu enthalten die gültigen Betonnormen. Der folgende Beitrag erläutert zunächst die grundlegenden Mechanismen des lösenden Betonangriffs. Aus den Mechanismen werden betontechnische Maßnahmen abgeleitet, um in der Praxis einen Beton mit einem dem Angriffsgrad entsprechenden Widerstand gegen lösenden Angriff herzustellen. Am Beispiel der kalklösenden Kohlensäure wird dargestellt, ob und wie die zeitliche Entwicklung der Schädigungs- oder Abtragstiefe prognostiziert werden kann und inwiefern so eine „Bemessung" des Bauteils für den vorliegenden Angriff und die planmäßige Nutzungsdauer möglich ist. Ein Fallbeispiel zeigt schließlich für kalksteinhaltige Zemente, wie der Nachweis der Eignung eines Bindemittels für die Anwendung in den Expositionsklassen XA bei lösendem Angriff geführt werden kann. Die Ausarbeitung basiert unmittelbar auf [23]. Die Darstellung zum lösenden Betonangriff aus [23] wurde aktualisiert, erweitert und um eigene Erfahrungen der Autoren ergänzt.

1 Allgemeines

Bei einem chemischen Angriff auf erhärteten Beton wird zwischen einem lösenden und einem treibenden Angriff unterschieden. Ein lösender chemischer Angriff wird durch Säuren und bestimmte austauschfähige Salze hervorgerufen. Er löst den Zementstein aus dem Beton heraus. Dieser Vorgang schreitet von außen nach innen fort und ist mit einem Absanden der Betonoberflächen verbunden. Das Treiben wird meist durch Ionen hervorgerufen, die in den erhärteten Beton eindringen, mit bestimmten Hydratphasen des Zementsteins reagieren und dadurch neue Phasen bilden können (vgl. [15]).

Beton ist gegenüber einem sehr starken lösenden Angriff, wie z. B. durch starke Säuren, nicht widerstandsfähig. Zweckmäßig zusammengesetzter Beton kann jedoch gegen schwachen und mäßig starken Angriff einen hohen Angriffswiderstand aufweisen.

So weisen zum Beispiel Betone mit hüttensandreichen Hochofenzementen gegenüber den meisten lösenden Angriffen eine graduell höhere Widerstandsfähigkeit auf als Betone mit anderen Normzementen, jedoch ist der Unterschied der verschiedenen Zementarten im Vergleich zur Bedeutung der Gefügedichtigkeit gering. Dementsprechend können alle bisher in Deutschland üblicherweise verwendeten Zemente als praktisch gleich widerstandsfähig gegen lösenden Angriff bezeichnet werden [24].

2 Mechanismen des lösenden Betonangriffs

In vielen Anwendungsbereichen können saure Flüssigkeiten (pH-Wert < 7,0) auf Betonbauwerke einwirken. Häufig anzutreffen sind in der Natur kohlensaure Grund- oder Oberflächenwässer, aber auch Huminsäuren, z. B. in Moorwässern. Damit beaufschlagt werden z. B. Gründungsbauwerke wie Fundamente, „Weiße Wannen", Großbohrpfähle, Verpressanker, aber auch Abwasserleitungen auf ihrer Außenseite. Auch in Wasser gelöste Gase wie CO_2, SO_2 oder Cl_2 bilden Säuren, die z. B. auf Außenbauteile wie Schornsteinköpfe oder Kühltürme einwirken können. Man spricht von einem lösenden Angriff. Als lösend werden auch Reaktionen mit Salzlösungen betrachtet, die Ammoniumionen (NH_4^+) oder Magnesiumionen (Mg^{2+}) enthalten. Sehr starke lösende Angriffe können dort auftreten, wo konzentrierte anorganische Säuren, z. B. Salzsäure (HCl), oder organische Säuren, z. B. Essigsäure (CH_3COOH), in großer Menge auf Betonbauteile einwirken können, wie z. B. in Auffangbauwerken der chemischen Industrie, oder durch unplanmäßige Einleitung solcher

Säuren in die Kanalisation. Niederschlagswasser („Saurer Regen") gehört nicht zu den betonangreifenden Stoffen [6].

Grundsätzlich bedingt der chemische Aufbau der Hydratationsprodukte, dass Zementstein von Säuren gelöst wird. Dort, wo er im Bauteil gelöst wird, geht die Festigkeit des Betons verloren. Abbildung 1 zeigt die langfristige Entwicklung der Schädigungstiefe durch einen Säureangriff nach Entfernung der Reaktionsprodukte. Da dieser lösende Angriff jedoch nur von der Bauteiloberfläche aus erfolgen kann, hängt die dauerhafte Gebrauchsfähigkeit eines Bauteils davon ab, ob die Schädigungstiefe innerhalb der vorgesehenen Nutzungsdauer von z. B. 50 oder 100 Jahren kleiner bleibt als ein geplanter Grenzwert. Benötigt wird demnach für jeden Angriff eine Prognose über den zeitlichen Verlauf des Reaktionsvorgangs in Form einer Schädigungs- oder Abtragsrate in der Dimension „Schichtdicke / Zeit".

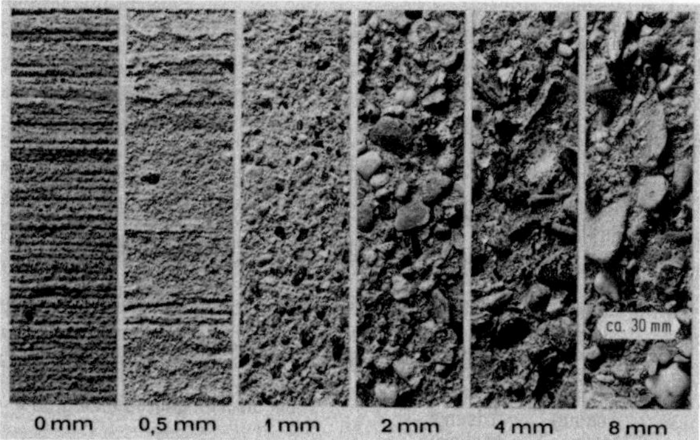

Abb. 1: Betonoberflächen mit unterschiedlicher Abtragstiefe

Tabelle 1 zeigt die maßgeblichen Einflussgrößen für die Stärke des Angriffs und für den Widerstand des Betons. Es handelt sich um eine Planungsaufgabe, für die die Regelungen gemäß DIN 1045-1 und DIN EN 206-1 / DIN 1045-2 eine praxisgerechte, wenn auch überschlägliche Lösung anbieten.

Tab. 1: Einflussgrößen auf Angriff und Widerstand bei Einwirkung von Säuren auf Beton

Der Angriff wird verstärkt durch	Der Widerstand wird verstärkt durch
• steigende Säurekonzentration c • schnellere Erneuerung der sauren Lösung an der Grenzschicht Beton/Flüssigkeit („Transportbedingungen") • erhöhte Temperatur • erhöhten Druck	• einen niedrigen Anteil löslicher Bestandteile im Beton ($a_s < a_t$) • Bildung einer dauerhaften Schutzschicht aus Reaktionsprodukten mit niedrigem Diffusionskoeffizienten („Transportbedingungen") • einen hohen Ca^{++}-Gehalt (m_s) im dichten Zementstein (niedriger w/z-Wert)

3 Folgerungen für die Praxis bei lösendem Angriff

Als Erstes sind die Inhaltsstoffe des Wassers gemäß DIN EN 206-1 / DIN 1045-2 und DIN 4030 Teil 1 und Teil 2 zu ermitteln, mit denen das Bauteil ständig beaufschlagt wird. Dies erfolgt ggf. im Rahmen des Baugrundgutachtens. Aufgrund der Ergebnisse (pH-Wert, NH_4^+-, Mg^{2+}-Gehalt, Gehalt an kalklösender Kohlensäure CO_2 sowie Säuregrad des Bodens) erfolgt eine Einstufung des Angriffs in die Expositionsklassen XA1 (schwach), XA2 (mäßig) und XA3 (stark) (s. Tabelle 2).

Die gesonderte Beurteilung von kalklösender Kohlensäure unabhängig vom pH-Wert ist erforderlich, weil der Dissoziationsgrad dieser Säure gering und der pH-Wert deshalb kein hinreichendes Maß für die Konzentration ist. Dies gilt auch für andere schwach dissoziierte Säuren, wie Essigsäure, Milchsäure usw.

Tab. 2: Grenzwerte für die Expositionsklassen bei chemischem Angriff nach DIN EN 206-1 / DIN 1045-2

		Expositionsklasse		
	Prüfverfahren	XA1	XA2	XA3
Chemisches Merkmal		schwach angreifend	mäßig angreifend	stark angreifend
SO_4^{2-} mg/l in Wasser [5]	DIN EN 196-2 DIN 4030-2	≥ 200 und ≤ 600	> 600 und ≤ 3000	> 3000 und ≤ 6000
SO_4^{2-} mg/kg im Boden [1] insgesamt	DIN EN 196-2 [2]	≥ 2000 und ≤ 3000 [3]	> 3000 [3] und ≤ 12000	> 12000 und ≤ 24000
pH-Wert des Wassers	ISO 4316 DIN 4030-2	≤ 6,5 und ≥ 5,5	< 5,5 und ≥ 4,5	< 4,5 und ≥ 4,0
Säuregrad des Bodens in ml/kg	DIN 4030-2	> 200 Baumann-Gully	in der Praxis nicht anzutreffen	
CO_2 mg/l kalklösend im Wasser	DIN 4030-2	≥ 15 und ≤ 40	> 40 und ≤ 100	> 100 bis zur Sättigung
NH_4^+ mg/l [4] in Wasser	ISO 7150-1 ISO 7150-2 oder DIN 4030-2	≥ 15 und ≤ 30	> 30 und ≤ 60	> 60 und ≤ 100
Mg^{2+} mg/l in Wasser	ISO 7980 oder DIN 4030-2	≥ 300 und ≤ 1000	> 1000 und ≤ 3000	> 3000 bis zur Sättigung

[1] Tonböden mit einer Durchlässigkeit von weniger als 10^{-5} m/s dürfen in eine niedrigere Klasse eingestuft werden.

[2] Das Prüfverfahren beschreibt die Auslaugung von SO_4^{2-} durch Salzsäure; Wasserauslaugung darf stattdessen angewandt werden, wenn am Ort der Verwendung des Betons Erfahrung hierfür vorhanden ist.

[3] Falls die Gefahr der Anhäufung von Sulfationen im Beton – zurückzuführen auf wechselndes Trocknen und Durchfeuchten oder kapillares Saugen – besteht, ist der Grenzwert von 3000 mg/kg auf 2000 mg/kg zu vermindern.

[4] Gülle kann, unabhängig vom NH_4-Gehalt, in die Expositionsklasse XA1 eingeordnet werden.

[5] Falls der Sulfatgehalt des Grundwassers > 600 mg/l beträgt, ist dies im Rahmen der Festlegung des Betons anzugeben.

Die erforderlichen Maßnahmen, die zu einem ausreichenden Widerstand des Betons führen, sind aus Tabelle 3 zu entnehmen. Sie betreffen die Dichtheit und Festigkeit des Betons in Form des höchstzulässigen w/z-Werts, des Mindestzementgehalts und der Mindestfestigkeitsklasse, u. U. auch die Zementart.

Es ist verständlich, dass diese pauschale Beurteilung nur unter eingrenzenden Bedingungen gelten kann: Sie gilt für Wässer natürlicher Zusammensetzung mit Temperaturen zwischen 5 °C und 25 °C mit sehr geringen Fließgeschwindigkeiten. Es gilt der höchste Angriffsgrad, der in einem Feld der Tabelle 2 erreicht wird. Wenn zwei oder mehrere angreifende Merkmale zu derselben Klasse führen, muss die

Umgebung der nächsthöheren Klasse zugeordnet werden, sofern nicht in einer speziellen Studie für diesen Fall nachgewiesen wird, dass dies nicht erforderlich ist. Auf eine spezielle Studie kann verzichtet werden, wenn keiner der Werte im oberen Viertel (bei pH im unteren Viertel) liegt. Ausgenommen von den aufgeführten Regelungen sind Meerwasser und Niederschlagswasser. Meerwasser wird grundsätzlich in die Expositionsklasse XA2 eingeordnet, Niederschlagswasser gehört nicht zu den betonangreifenden Stoffen. Der Angriff kann sich verringern, wenn wenig durchlässige Böden anstehen, z. B. mit einem Durchlässigkeitsbeiwert k < 10^{-5} m/s. Für die Expositionsklasse XA3 sind nach DIN EN 206-1 / DIN 1045-2 Schutzmaßnahmen vorzusehen, wenn nicht durch ein auf die Baumaßnahme bezogenes Gutachten eine andere Lösung vorgeschlagen wird.

Tab. 3: Anforderungen an die Betonzusammensetzung nach DIN EN 206-1 / DIN 1045-2

Anforderung	Expositionsklasse		
	XA1	XA2	XA3[5]
Höchstzulässiger w/z-Wert[1]	0,60	0,50	0,45
Mindestdruckfestigkeitsklasse	C25/30	C35/45 [2)7]	C35/45 [2]
Mindestzementgehalt in kg/m³ [6]	280	320[3)4]	320[3]
Mindestzementgehalt bei Anrechnung von Zusatzstoffen in kg/m³ [6]	270	270[3)4]	270[3]

[1] Bei Anrechnung von Zusatzstoffen des Typs II ist der äquivalente Wasserzementwert (Wasser/(Zement + k · Zusatzstoff)-Wert) maßgebend.
[2] Wenn bei der Expositionsklasse XF2 bis XF4 ein Luftporenbeton gefordert ist, kann eine Festigkeitsklasse niedriger verwendet werden.
[3] HS-Zement bzw. SR-Zement bei Sulfatangriff
[4] Bei $SO_4^{2-} \leq 1500$ mg/l auch Mischung aus Zement + Flugasche einsetzbar } außer Meerwasser
[5] Oberflächenschutz oder Gutachten
[6] Bei einem Größtkorn von 63 mm darf der Zementgehalt um 30 kg/m³ reduziert werden.
[7] Bei langsam und sehr langsam erhärtenden Betonen (r < 0,30) eine Festigkeitsklasse niedriger. Die Druckfestigkeit zur Einteilung in die geforderte Druckfestigkeitsklasse ist an Probekörpern im Alter von 28 Tagen zu bestimmen.

Für die Bewertung des chemischen Angriffs innerhalb von Abwasserrohren aus Beton, z. B. durch sehr saures kommunales Abwasser, eignet sich DIN 4030 nicht [18]. Die in der Norm vorausgesetzten Randbedingungen, z. B. geringe Fließgeschwindigkeit, Beständigkeit der gebildeten Schutzschichten, sind üblicherweise im Abwasserkanal nicht gegeben. Eine für diesen Bereich geltende Regelung zur qualitativen Beurteilung des chemischen Angriffs enthält das Merkblatt DWA-M 168 „Korrosion von Abwasseranlagen – Abwasserableitungen" [12]. Wenn die Einleitungsbedingungen beachtet werden, sind die Abwässer nicht oder schwach betonangreifend. Aufgrund von Missbrauch, Fehlbedienung, Störfällen oder längerfristigem Umbau technischer Einrichtungen können die Grenzwerte erheblich überschritten werden, insbesondere z. B. auch durch starke Säu-

ren. Langjährige Betriebserfahrungen über Art und Intensität der möglichen Säureangriffspotentiale im kommunalen Abwasser einerseits und Kenntnisse über den Widerstand hochwertiger Betone gegenüber Säuren andererseits ermöglichten es, eine Stufenregelung für mäßige und starke Angriffe ohne äußeren Schutz der Rohre anzugeben. Danach sind auch sehr hohe einwirkende Ionen- oder Säurekonzentrationen möglich, wenn dies zeitlich befristet und nicht zu häufig geschieht. Qualitativ gute Rohrbetone besitzen den notwendigen chemischen Widerstand, um den aus diesen Einwirkungen resultierenden Beanspruchungen über die vorgesehene Nutzungsdauer des Kanals, z. B. 80 bis 100 Jahre, ausreichend zu widerstehen. Zudem wird im Merkblatt DWA-M 168 gefordert, für Sonderfälle im Kanalnetz, wo längerfristig Abwässer aus Gewerbe und Industrie mit pH-Werten bis 4,5 abgeleitet werden, einen Beton zu verwenden, der der erhöhten chemischen Beanspruchung dauerhaft widersteht. Die Forderungen zielen darauf ab, durch eine höhere Dichtheit des Betongefüges sowie eine Erhöhung des Anteils nicht löslicher Bestandteile und schwer löslicher Hydratationsprodukte einen größeren Säurewiderstand herzustellen. Für lösende Angriffe durch Ammonium- und Magnesiumionen kann davon ausgegangen werden, dass die Grenzwerte in Tabelle 2 nach dem heutigen Kenntnisstand eine deutlich auf der sicheren Seite liegende Beurteilung des möglichen Angriffs darstellen. Deshalb wird hier lediglich auf entsprechende Literatur verwiesen [7, 9, 17, 19, 20] und für sehr hohe Konzentrationen empfohlen, ein auf die Baumaßnahme bezogenes Gutachten einzuholen. Untersuchungen von Breit [2] zeigen, dass eine deutliche Verbesserung des Säurewiderstands von Beton für Abwasserrohre durch den gezielten Einsatz von Feinstoffen möglich ist. Die wesentliche Ursache für den erhöhten Säurewiderstand der in [2] untersuchten Betone wurde auf die Ausbildung einer sehr dichten Zementsteinmatrix mit Kontaktzonen zur Gesteinskörnung, die sehr niedrige Porositäten aufwiesen, zurückgeführt. Die Transportprozesse wiesen sowohl für den Bereich der Zementsteinmatrix als auch der Kontaktzonen etwa gleich geringe Reaktionsgeschwindigkeiten auf.

Der Säurewiderstand von Beton konnte beispielsweise durch den Einsatz von Hochofenzementen CEM III/B bzw. die Verwendung von CEM I-Zementen mit bis zu 8 M.-% Mikrosilica bezogen auf den Zementgehalt und ggf. in Kombination mit Steinkohlenflugasche erhöht werden. Durch die Verwendung von Hochleistungsbetonen mit erhöhtem Säurewiderstand kann somit eine deutliche Verbesserung des Säure- und Sulfatwiderstands erreicht werden. Betontechnologisch kann der Säurewiderstand durch geringe Wasserzementwerte, die Verwendung hüttensandhaltiger Zemente, den Zusatz von Steinkohlenflugasche bzw. Mikrosilica sowie eine optimierte Packungsdichte von Zement, Zusatzstoffen und Gesteinskörnungen erzielt werden [2, 8]. Hüttl [8] empfiehlt für abwassertechnische Anlagen Betone, bei denen der Calciumhydroxidgehalt der Zementsteinmatrix begrenzt wird, um die Tiefenschädigung zu vermindern. Die hohe Dichtheit der Betone wird auch hier über einen geringen Wasserzementwert (w/z = 0,38 bis 0,42) und die granulometrische Optimierung der mehlfeinen Stoffe (< 0,063 mm) des Betons erreicht. Der zweistufige Schädigungsmechanismus, wie er beim biogenen Schwefelsäureangriff vorzufinden ist (1. Stufe: Lösen von Calciumhydroxid durch Säure, 2. Stufe: Eindringen der Sulfationen der Schwefelsäure entlang der gelösten $Ca(OH)_2$-Bahnen und treibender Angriff im Inneren des Betongefüges), kann dadurch vermindert werden.

Die Nutzung erneuerbarer Energien gewinnt in Deutschland zunehmend an Bedeutung. In der Landwirtschaft kann bei der Vergärung von nachwachsenden Rohstoffen und von Reststoffen aus landwirtschaftlichen Betriebskreisläufen freigesetztes methanhaltiges, energiereiches Biogas zur Erzeugung von Strom und Wärme wirtschaftlich genutzt werden.

In den Ausgangsstoffen zur Biogaserzeugung können die als Bestandteil von Eiweißen (Proteinen) vorhandenen Aminosäuren eine wesentliche Quelle für Schwefelverbindungen sein. Das sich im Gasraum über dem zu vergärenden Substrat bildende Biogas enthält Schwefelwasserstoff H_2S. Schwefelwasserstoff ist giftig und wird bei höherer Konzentration lebensgefährlich und explosiv. Die flüchtigen Schwefelverbindungen im Gasraum können durch Luftsauerstoff zu elementarem Schwefel oxidiert werden. Die Entschwefelung des Biogases durch die Zugabe von Eisen zum Gärsubstrat, Aktivkohle unter Sauerstoffzufuhr und selten auch Nassentschwefelung ist daher unbedingt erforderlich. Wenn die Entschwefelung im Gasraum unvollständig erfolgt oder bei ungleichmäßiger Verteilung des zugeführten Sauerstoffs im Gasraum geringe Mengen Sauerstoff im Gasraum verbleiben, können durch Thiobakterien an Bauteiloberflächen Schwefelverbindungen und Schwefel in Schwefelsäure umgewandelt werden, und es muss mit einem Angriff durch biogene Schwefelsäurekorrosion auf den Beton gerechnet werden. Damit ist der Beton der Expositionsklasse XA3 zuzuordnen, die einen Schutz des Betons (z. B. durch geeignete Beschichtungen oder Auskleidungen) erforderlich macht. Um den Widerstand der Betonbauteile gegenüber einer biogenen Schwefelsäurekorrosion in Biogasanlagen zu erhöhen, können zusätzlich die in [2, 8, 11] genannten betontechnologischen Maßnahmen ergriffen werden. Weitere Empfehlungen für die Bemessung und die konstruk-

tive Durchbildung von Behältern aus Beton in Biogasanlagen sind in [21] zu finden.

4 Modellierung des lösenden Betonangriffs

4.1 Allgemeines

Eine gesonderte Beurteilung ist durch Gutachten überall dort zu empfehlen, wo für den äußeren Schutz hohe Kosten anfallen oder eine Schutzmaßnahme praktisch unmöglich ist, wie z. B. bei Großbohrpfählen oder Verpressankern. Die Beurteilung hat zum Ziel, die zeitliche Entwicklung der Schädigungs- oder Abtragstiefe zu prognostizieren und so eine „Bemessung" des Bauteils für den vorliegenden Angriff und die planmäßige Nutzungsdauer zu ermöglichen. Die nachfolgende Darstellung bezieht sich auf kalklösende Kohlensäure, kann jedoch entsprechend auf alle organischen und anorganischen Säuren angewendet werden. Zugrunde gelegt wird ein Modell von Angriff und Widerstand, dessen Einflussgrößen in Tabelle 1 angegeben sind.

4.2 Kalklösende Kohlensäure

Die Modellbildung beruht auf der ungünstigen Annahme, dass die angreifende Lösung sich ständig erneuert und ihr Lösungspotential nicht durch gelöste Stoffe vermindert wird. Es wird angenommen, dass eine in Wasser lösliche Calciumverbindung entsteht und nicht etwa wie beim Angriff durch Schwefelsäure ein schwer lösliches Reaktionsprodukt (Gips) den weiteren Angriff bremst. Abbildung 2 zeigt den Angriffsmechanismus durch kalklösende Kohlensäure.

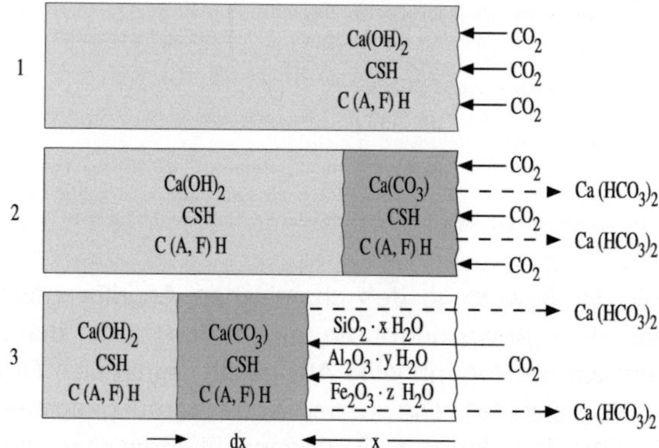

Abb. 2: Wirkung kalklösender Kohlensäure auf Zementstein (Modell für drei Zeitstufen in Folge)

Die Ausgangssituation (1) ist durch die angreifende Lösung und die unbeanspruchten Hydratationsprodukte (Calciumhydroxid $Ca(OH)_2$, Calciumsilicathydrat CSH und Calciumaluminatferrithydrat C(A,F)H) gekennzeichnet. Die sich bildende Reaktionszone (2) zeigt die erste Umwandlung des $Ca(OH)_2$ in Calciumcarbonat $CaCO_3$ sowie den ersten Abtransport von Calcium als Calciumhydrogencarbonat $Ca(HCO_3)_2$ durch Auflösung von $CaCO_3$ und Zementhydraten. Der dritte Schritt (3) ist dadurch gekennzeichnet, dass die Reaktionszone mit der Dicke d_x weiter ins Innere des Zementsteins fortschreitet und eine gelartige Schicht mit zunehmender Dicke x aus unlöslichen Restprodukten des Zementsteins zurückbleibt. Da die Gelschicht einen höheren Diffusionswiderstand aufweist als Wasser, erzwingt sie, wenn sie nicht mechanisch entfernt wird, eine zunehmende Verlangsamung des Reaktionsprozesses. Sie wirkt als „Schutzschicht". Dass diese Reaktion so abläuft, wurde von Koelliker [10] nachgewiesen. Daraus konnten Anhaltswerte für den Diffusionswiderstand der Gelschicht abgeleitet werden.

Auf dieser Basis wurde ein Diffusionsmodell [5, 6] aufgestellt, mit dem die Abtragsraten aus dem Gleichgewicht zwischen dem gelösten und dem abtransportierten CaO berechnet werden können. In die Berechnung der Schädigungstiefe x in Abhängigkeit von der Zeit t gehen folgende Einflussgrößen nach Tabelle 1 ein: Die Säurekonzentration c, der lösliche Flächenanteil a_s in der Gesamtangriffsfläche a_t sowie die Masse m_s löslicher Bestandteile pro Volumeneinheit. Untersuchungen der verschiedensten Art zeigen, dass das √-t-Modell den Lösungsvorgang durch kalklösende Kohlensäure mit ungestörter Schutzschicht sehr gut beschreibt [4, 10, 14].

Bei ständiger Entfernung der Schutzschicht geht der Abtrag wesentlich schneller vor sich, so als würde der bei vorhandener Schutzschicht mit √-t verlaufende Vorgang in längeren oder kürzeren Intervallen jeweils erneut ohne Schutzschicht beginnen. Abbildung 3 zeigt, dass der Abtragsvorgang dann quasi linear verläuft. Praktische Bedeutung hat diese Abtragsart z. B. in großen Gerinnen oder Behältern mit turbulent strömendem Wasser.

Entsprechend den beschriebenen Vorgängen zeigt Abbildung 4 die Entwicklung der Abtrags- bzw. Schädigungstiefe bei verschiedenen „Transportbe-

dingungen" und verschiedenen Säurekonzentrationen. Wesentlich an diesem Ergebnis ist, dass eine intakte Schutzschicht mehr bewirkt als Unterschiede in der Konzentration der kalklösenden Kohlensäure im angreifenden Wasser.

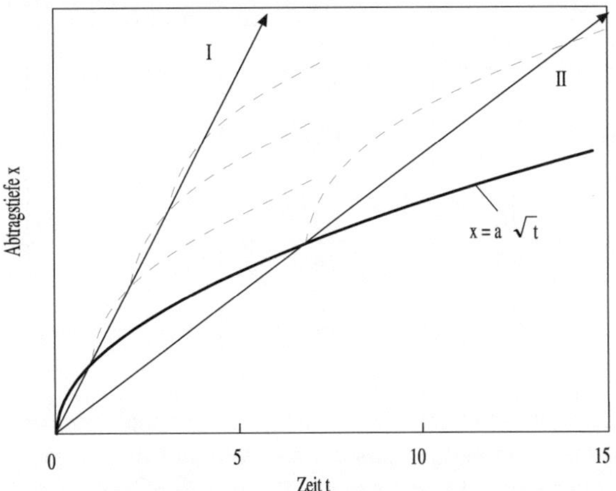

Abb. 3: Schematische Darstellung des Abtrags in Abhängigkeit von der Zeit. Ohne Entfernung der Gelschicht (Parabel), mit häufiger Entfernung der Gelschicht (Gerade I), mit weniger häufiger Entfernung der Gelschicht (Gerade II)

Zu ergänzen ist, dass die günstigen Eigenschaften in freier betonangreifender Lösung nur erzielt werden, wenn die Gesteinskörnung unlöslich ist. Kalkstein z. B. ist leichter löslich in Säuren als Zementstein und bildet keine Schutzschicht. Die löslichen Gesteinskörnungen öffnen demnach die angegriffene Fläche in Form von „Löchern", anstatt, wie auf Abbildung 1 zu sehen, den löslichen Zementstein und seine Schutzschicht in ihren „Fugen" zu schützen [14].

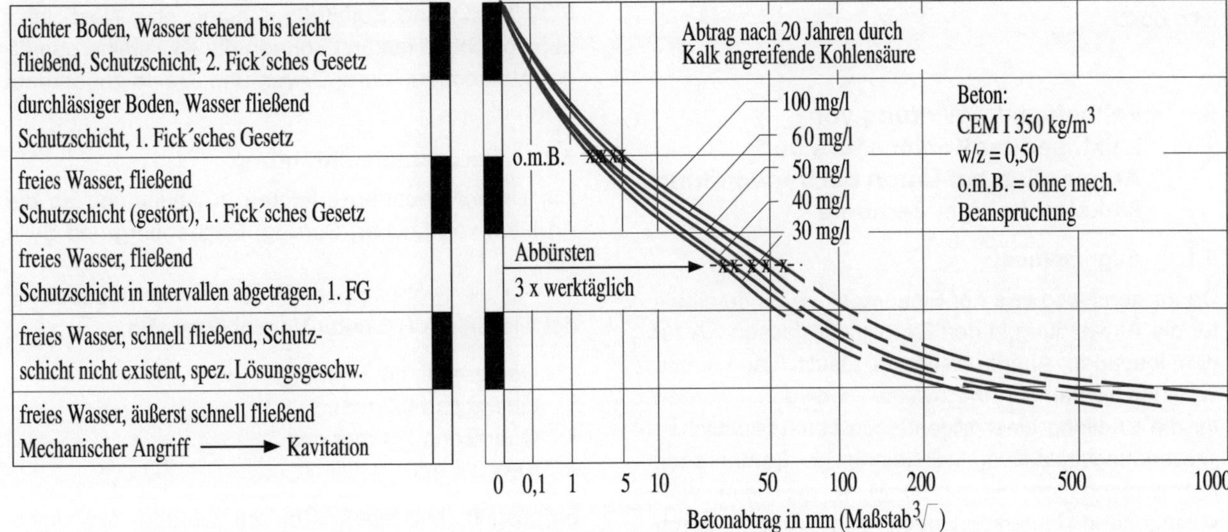

Abb. 4: Abtragstiefe bei Normalbeton nach 20 Jahren durch kalkangreifende Kohlensäure in Abhängigkeit von den Transportbedingungen und der Konzentratio

Tab 4: Zusammensetzung der Zemente der Untersuchungen in Abschnitt 5 nach [22]

Zement	Portland-zementklinker	Hüttensand		Kalkstein		
	K1	S1	S2	LL1	LL2	LL3
5	65	-	-	35	-	-
5b	65	-	-	-	35	-
9	65	35	-	-	-	-
9a	65	-	35	-	-	-
15	65	-	15	20	-	-
17	65		15	-	20	-
19	65	-	15	-	-	20

Das Berechnungsmodell hat sich für alle Säureangriffe in wässriger Lösung als geeignet erwiesen. So konnte das Messergebnis für die Schädigungstiefe an einem Bohrkern, der drei Tage lang in 10%iger Salzsäure gelagert wurde, zuverlässig mit 3 mm bis 4 mm vorausberechnet werden. Daraus ergab sich die Regelung, dass Auffangbehälter nach der DAfStb-Richtlinie „Betonbau beim Umgang mit wassergefährdenden Stoffen" [1] während einer 3- oder 7-tägigen Belastungsdauer bis zur Entsorgung keines äußeren Schutzes bedürfen – obwohl die Behälter von der aufgefangenen Säure langfristig mehrfach aufgelöst werden könnten. Mit dem Berechnungsmodell nicht erfasst werden Angriffe durch biogene Schwefelsäure, wie sie im Gasraum von Abwasserleitungen aus Beton auftreten können. Die Angriffe werden durch Bakterien hervorgerufen, die Schwefelwasserstoff (H2S) zu Schwefelsäure aufoxidieren. Seine Entstehung sollte deshalb vorbeugend durch geeignete Betriebsbedingungen unterbunden werden. Ein Schutz des Betons im Gasraum durch gasdichte Auskleidungen oder Beschichtungen ist möglich.

5 Fallbeispiel – Wirkung von kalklösender Kohlensäure und Ammonium auf Beton bei Verwendung kalksteinhaltiger Zemente

5.1 Allgemeines

Da für den Nachweis der Eignung eines Bindemittels für die Anwendung in den Expositionsklassen XA für den lösenden Angriff bisher in Deutschland keine vereinheitlichten Prüfnachweise vorliegen, wurden für die Erteilung einer allgemeinen bauaufsichtlichen Anwendungszulassung kalksteinhaltiger Zemente mit Kalksteingehalten bis zu 35 M.-% die beim VDZ vorliegenden Untersuchungen zum Angriff durch kalklösende Kohlensäure und Ammonium im Hinblick auf die Dauerhaftigkeit von Beton mit Zementen mit

einem Kalksteingehalt bis zu 35 M.-% ausgewertet [3]. Die nachfolgend zusammengestellten Untersuchungsergebnisse wurden im Rahmen eines Forschungsvorhabens (Nr. 13332 N) erzielt, das über die AiF im Rahmen des Programms zur Förderung der industriellen Gemeinschaftsforschung und -entwicklung (IGF) vom Bundesministerium für Wirtschaft und Technologie aufgrund eines Beschlusses des Deutschen Bundestages gefördert wurde [16, 22]. Die Ergebnisse bis zu einem halben Jahr wurden dem Abschlussbericht [22] entnommen und um Langzeitergebnisse ergänzt, die von der Forschungsstelle 2 (FEhS Institut für Baustoffe) an den über einen Zeitraum von rd. 5,5 Jahren hinaus gelagerten Proben ermittelt wurden.

5.2 Ausgangsstoffe

Als Ausgangsstoffe der Untersuchungen in [22] wurden zwei Portlandzementklinker K1 und K2 (mit unterschiedlichen Alkaligehalten), drei Hüttensande S1 bis S3 (unterschiedlicher Reaktivität), drei Kalksteine LL1 bis LL3 (unterschiedliche Herkunft, TOC $\leq$ 0,20 M.-%) und Sulfatträger eingesetzt. Nach ihrer geologischen Herkunft können die Kalksteine gemäß den Vorkommen Jura, Devon und Kreide zugeordnet werden.

5.3 Versuchsdurchführung

Die Untersuchungen erfolgten in Anlehnung an die Arbeiten von Locher, Sprung, Rechenberg und Sylla [19, 14, 13].

Für die Probekörper wurden Feinkornbetone mit der Sieblinie A/B 8 unter Verwendung von:

- Quarzmehl 0/0,2 mm,
- Quarzsand 0/2 mm,
- Quarzsand 2/4 mm und
- Kies 2/8 mm

hergestellt. Mit jedem Zement wurden drei unterschiedlich zusammengesetzte Betone hergestellt:

- B1: w/z = 0,60, Zementgehalt z = 280 kg/m³
- B2: w/z = 0,45, Zementgehalt z = 320 kg/m³
- B3: w/z = 0,70, Zementgehalt z = 300 kg/m³

Der Zementgehalt und der w/z-Wert des Betons B1 entspricht den Mindestanforderungen an die Betonzusammensetzung der Expositionsklasse XA1, die des Betons B2 der Expositionsklasse XA3. Unter Verwendung der in Tabelle 4 angegebenen Zemente ergaben sich 21 verschiedene Betone. Je Beton wurden sechs Prismen (40 x 40 x 160) mm³ hergestellt, von denen jeweils drei in kalklösende Kohlensäure und ammoniumhaltiges Wasser eingelagert wurden. Bezogen auf die Sieblinie A/B 8 sind der Zementgehalt und der w/z-Wert sehr niedrig, so dass sich die Prismen nur sehr schwer verdichten ließen und teilweise keine geschlossene Oberfläche aufwiesen. Die Prismen wurden einen Tag in der Form belassen, danach sechs Tage unter Wasser und bis zum 28. Tag bei einer Temperatur von 20 °C und einer relativen Feuchte > 95 % gelagert. Anschließend erfolgte die Lagerung in den Prüfflüssigkeiten. Nach der Wasserlagerung, im Alter von sieben Tagen, wurden die einzelnen Prismen gewogen. Nach 28 Tagen, unmittelbar vor der Einlagerung in die Prüfflüssigkeiten, wurden die Prismen erneut gewogen.

Jedes Prisma wurde dauerhaft durch Metallplättchen gekennzeichnet. Die Bezeichnung erfolgte nach folgendem Schema (Beispiele):

- 5 B1:   Zement-Nr. 5,   Beton B1,
- 5b B2:   Zement-Nr. 5b,   Beton B2.

Die Zusammensetzung der verwendeten Zemente ist Tabelle 4 zu entnehmen.

5.3.1 Einlagerung in kalklösende Kohlensäure

Nach DIN EN 206-1 ist für die Expositionsklasse XA1 ein Angriff bis 40 mg CO_2/l und für XA3 > 100 mg CO_2/l möglich. Drei Prismen jedes Betons wurden in kalklösende Kohlensäure mit rd. 100 mg CO_2/l eingelagert. Die Lagerungsbehälter wurden 1 Tag vor der Probeneinlagerung mit deionisiertem Wasser gefüllt, und es wurde CO_2 eingeleitet. Der Wasserwechsel erfolgte in Abhängigkeit vom Gehalt an CO_2 im Wasser. Bei Unterschreiten des Gehalts von 100 mg CO_2/l wurde das Wasser gewechselt. Zu Beginn der Untersuchungen war dies etwa alle fünf Tage, später alle drei bis vier Wochen erforderlich.

Nach jeweils drei Monaten Lagerung wurden die Prismen den Lagerungsbehältern entnommen, mit einem feuchten Tuch vorsichtig abgetrocknet und gewogen.

5.3.2 Einlagerung in Ammoniumchloridlösung

Drei Prismen jedes Betons wurden in Ammoniumchloridlösung mit 100 mg NH_4^+/l eingelagert. Die Strömungsgeschwindigkeit im Behälter betrug etwa 2,5 m/h. Die Lösung wurde am Anfang zweimal/Woche auf ihre Konzentration geprüft. Im weiteren Verlauf konnten die Intervalle für die Kontrolle der Konzentration und die Lösungswechsel auf zwei Wochen verlängert werden. Nach jeweils drei Monaten Lagerung wurden die Prismen entnommen, kurz in destilliertes Wasser eingetaucht, 24 Stunden bei 20 °C und 65 % relativer Feuchte getrocknet und gewogen.

5.4 Ergebnisse

5.4.1 Kalklösende Kohlensäure

Zum Zeitpunkt der Erstellung dieses Beitrags lagen Ergebnisse nach einer Lagerungsdauer von rd. 5,5 Jahren vor. Der Masseverlust war unabhängig vom untersuchten Zement bei den jeweiligen Feinbetonen mit w/z = 0,70 am größten. Im Vergleich der Zemente untereinander wiesen die Prismen mit den Portlandhüttenzementen CEM II/B-S (Zemente 9 und 9a, Tabelle 4) den geringsten Masseverlust auf (rd. 1,2 % nach 5,5 Jahren). Mit steigendem Kalksteingehalt nahm der Masseverlust zu.

Zur Einordnung der Ergebnisse des Forschungsvorhabens (Nr. 13332 N) [22] wurden die Originaldaten, auf denen die Veröffentlichungen [14] und [13] basieren, ausgewertet. Die Originaldaten enthalten unter anderem die Masseverluste von Feinbetonen aus Portlandzement (PZ275) mit quarzitischer Gesteinskörnung mit einem Größtkorn von 7 mm und mit Wasserzementwerten von w/z = 0,50 und w/z = 0,70. Die Prüfkörper wurden bis zu einem Alter von 20 Jahren in kalklösender Kohlensäure gelagert und der Masseverlust bestimmt. Der Gehalt an kalklösender Kohlensäure im Wasser betrug rd. 100 mg CO_2/l. Die Masseverluste, aus denen der Oberflächenabtrag in [14] und [13] berechnet wurde, und die Masseverluste der Feinbetone mit den Portlandkalksteinzementen 5 und 5b des Forschungsvorhabens (Nr. 13332 N) [22] sind in den Abbildungen 5 und 6 dargestellt.

In Abbildung 5 ist der Masseverlust von Feinbetonen mit Wasserzementwerten von w/z = 0,45 und w/z = 0,70 (aus [22]) bzw. w/z = 0,50 und w/z = 0,70 (aus [14] und [13]) und Zementgehalten von 320 kg/m³, 300 kg/m³ bzw. 375 kg/m³ dargestellt.

Die Betone mit 375 kg/m³ Portlandzement PZ275 und w/z = 0,50 bzw. w/z = 0,70 (aus [14] und [13]), wiesen im Alter von rd. 5,5 Jahren einen Masseverlust zwischen rd. 17 M.-% und rd. 21 M.-% auf. Im Vergleich dazu betrugen die jeweiligen Masseverluste der Betone mit den Portlandkalksteinzementen 5 und 5b (aus [22]), z = 320 kg/m³ und w/z = 0,45 bzw. z = 300 kg/m³ und w/z = 0,70 im Alter von rd. 5,5 Jahren rd. 10 M.-% bis rd. 13 M.-%. Somit waren die Masseverluste der Betone mit den Zementen 5 und 5b sowohl mit w/z = 0,45 als auch mit w/z = 0,70 geringer als die der Betone mit den Portlandzementen.

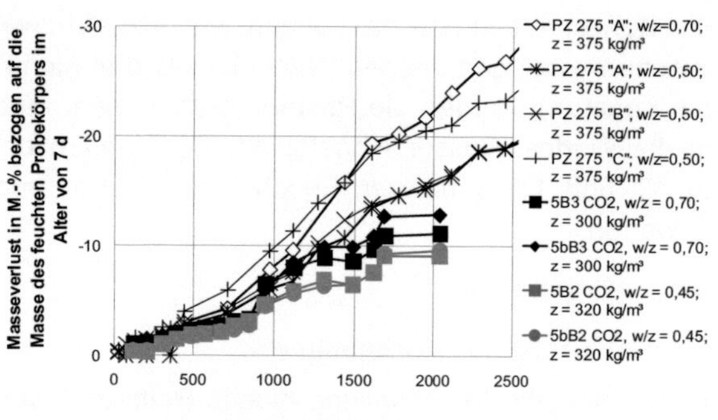

Abb. 5   Vergleichende Darstellung des Masseverlusts von Feinbeton mit w/z = 0,45 und z = 320 kg/m³ bzw. w/z = 0,70 und z = 300 kg/m³ und einem Größtkorn von 8 mm und des Masseverlusts von Feinbeton mit w/z = 0,50 bzw. w/z = 0,70 mit einem Größtkorn von 7 mm (Daten aus [13] und [14]) bei Lagerung in Wasser mit 100 mg CO_2/l

Untersuchungen zum Einfluss des Wasserzementwertes und des Zementgehalts auf den Masseverlust von Feinbetonen mit den Portlandkalksteinzementen 5 und 5b führten zu folgenden Ergebnissen (ohne Abbildung): Der größte Masseverlust mit rd. 13 M.-% und rd. 11 M.-% wurde bei den Feinbetonen mit w/z = 0,70 und einem Zementgehalt von 300 kg/m³ ermittelt. Der Masseverlust der Feinbetone mit w/z = 0,45 und z = 320 kg/m³ war um rd. 4 M.-% geringer. Die geringsten Masseverluste wurde bei den Feinbetonen mit w/z = 0,60 und z = 280 kg/m³ festgestellt. Durch die Veränderung des Wasserzementwertes und des Zementgehaltes bei gleichem Zement veränderte sich der Masseverlust um rd. 3 M.-% (Zement 5b) bzw. rd. 4 M.-% (Zement 5). Mit diesen Werten konnte der Einfluss des Wasserzementwertes auf die Ergebnisse berücksichtigt werden.

In Abbildung 6 ist der Masseverlust von Feinbetonen mit einem Wasserzementwert von w/z = 0,70 dargestellt. Der Zementgehalt der Prismen mit den Portlandkalksteinzementen 5 und 5b betrug 300 kg/m³. Der Zementgehalt der Prismen mit Portlandzement PZ 275 (aus [14] und [13]) betrug 350 kg/m³. Im Alter von rd. 5,5 Jahren betrug der Masseverlust der Betone 5B3 und 5bB3 mit den Portlandkalksteinzementen 5 und 5b rd. 12 M.-%. Die Betone mit Portlandzement PZ 275 (aus [14] und [13]) wiesen nach rd. 5,5 Jahren einen Masseverlust von rd. 22 M.-% auf.

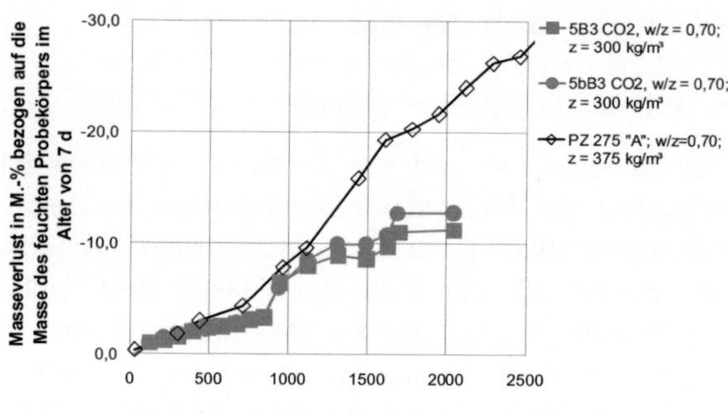

Abb. 6   Vergleichende Darstellung des Masseverlusts von Feinbeton mit w/z = 0,70; z = 300 kg/m³ und einem Größtkorn von 8 mm und des Masseverlusts von Feinbeton mit w/z = 0,70 mit einem Größtkorn von 7 mm (Daten aus [14] und [13]) bei Lagerung in Wasser mit 100 mg CO_2/l

5.4.2   Ammonium

Bei einer Lagerungsdauer von rd. 5,5 Jahren in Ammoniumchloridlösung mit 100 mg NH_4^+/l betrug der Masseverlust unabhängig von der Betonzusammensetzung maximal 0,6 M.-%. Ein signifikanter Einfluss der Zementart auf den Masseverlust wurde nicht festgestellt. Abbildung 7 zeigt dies beispielhaft für die Probekörper mit einem Wasserzementwert w/z = 0,70.

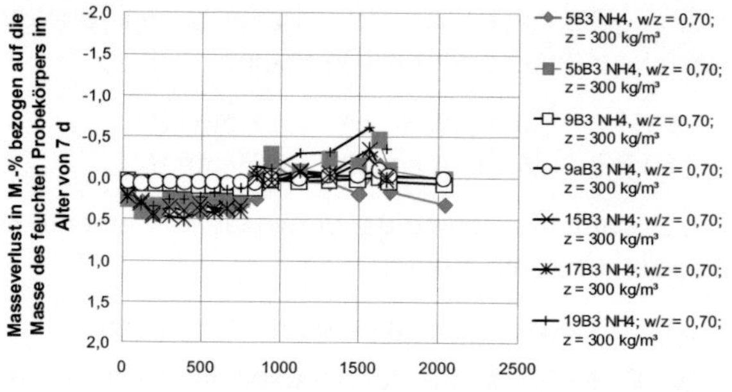

Abb. 7   Masseverlust von Feinbeton mit w/z = 0,70; z = 300 kg/m³ und einem Größtkorn von 8 mm bei Lagerung in Ammoniumchloridlösung mit 100 mg NH_4^+/l

5.5   Bewertung der Ergebnisse

Zur Abschätzung des Einflusses von Portlandkalksteinzement CEM II/B-LL mit 35 M.-% Kalkstein auf den Widerstand von Beton gegenüber kalklösender Kohlensäure wurden der Masseverlust von Feinbetonprismen mit Portlandkalksteinzementen aus [22] mit den Werten von Feinbetonprismen mit Portlandzement aus [14] verglichen. Dieser Vergleich war nicht in allen Fällen auf der Basis gleicher Betonzusammensetzungen möglich. Dennoch lassen die Ergebnisse den Schluss zu, dass die Betone mit Portlandkalksteinzement aus [22] einen Widerstand gegenüber kalklösender Kohlensäure aufweisen, der mit den Eigenschaften von Beton mit Portlandzement aus [14] und [13] vergleichbar ist.

Aus dem Masseverlust der Prüfkörper des Forschungsvorhabens (Nr. 13332 N) [22] wurde unter Annahme einer gleich bleibenden Rohdichte des Feinbetons näherungsweise eine Abtragstiefe berechnet. Am Beispiel des Betons 5bB2 mit w/z = 0,45 und einem Zementgehalt von 320 kg/m³ errechnete sich eine Abtragstiefe von rd. 0,8 mm nach 5,5 Jahren. Diese Abtragstiefe steht in guter Übereinstimmung mit den in [14] und [13] dargestellten Ergebnissen. Die Abtragstiefe von rd. 0,8 mm nach 5,5 Jahren ist nach [13] als gering zu beurteilen.

In [14] und [13] wurde bereits darauf hingewiesen, dass für den Widerstand des Betons gegen den lösenden Angriff von schwachen Säuren, wie gegen Kohlensäure, der Einfluss der Zementart von geringerer Bedeutung ist als die Herstellung eines Betons mit dichtem Zementstein, d. h. mit niedrigem Wasserzementwert. Durch den deskriptiven Ansatz, mit dem in DIN 1045-2 Mindestanforderungen an die Betonzusammensetzung formuliert sind, ist ein niedriger Wasserzementwert von w/z ≤ 0,50 bzw. w/z ≤ 0,45 bei Angriff durch kalklösende Kohlensäure mit Gehalten von > 40 und ≤ 100 mg CO_2/l (XA2) bzw. > 100 mg CO_2/l (XA3) vorgeschrieben. Die Verwendung von Portlandkalksteinzement mit 35 M.-% Kalkstein erscheint somit im Hinblick auf den Angriff durch kalklösende Kohlensäure in den Expositionsklassen XA möglich.

Bei einer Lagerungsdauer von 5,5 Jahren in Ammoniumchloridlösung mit 100 mg NH_4^+/l betrug der Masseverlust der Feinbetonprismen mit den Portlandkalksteinzementen 5 und 5b mit 35 M.-% Kalkstein maximal rd. 0,6 M.-%. Der Masseverlust unterschied sich damit nicht signifikant vom Masseverlust der Feinbetonprismen mit dem Vergleichszement CEM II/B-S, der rd. 0,1 M.-% betrug. Die Ergebnisse in [19] bestätigen, dass der Angriff durch Ammoniumchlorid mit einer Konzentration von 100 mg NH_4^+/l auf Beton gering ist. Betone mit kalksteinhaltiger Gesteinskörnung wurden hierbei weniger durch Ammoniumchloridlösung mit 100 mg NH_4^+/l angegriffen als Beton mit quarzhaltiger Gesteinskörnung. Zusammenfassend erscheint somit die Verwendung von Portlandkalksteinzement mit 35 M.-% Kalkstein in den Expositionsklassen XA auch im Hinblick auf den Angriff durch Ammonium möglich.

6 Literatur

[1] Betonbau beim Umgang mit wassergefährdenden Stoffen / Deutscher Ausschuß für Stahlbeton, DAfStb (Hrsg.). Berlin: Beuth, 2004. (DAfStb-Richtlinie)

[2] Breit, W.: Säurewiderstand von Beton. In: Betontechnische Berichte 2001-2003, S. 181-189. Verlag Bau+Technik, Düsseldorf 2004

[3] Forschungsinstitut der Zementindustrie: Technischer Bericht TB-BTe B2195-A-1/2009 Wirkung von kalklösender Kohlensäure und Ammonium auf Beton bei Verwendung kalksteinhaltiger Zemente

[4] Friede, H.: Zur Beurteilung des Angriffs kalklösender Kohlensäure auf Beton. Aachen, RWTH, Diss., 1983

[5] Grube, H.; Rechenberg, W.: Betonabtrag durch chemisch angreifende saure Wässer, Teil 1. In: beton 37 (1987) 11, S. 446-451

[6] Grube, H.; Rechenberg, W.: Betonabtrag durch chemisch angreifende saure Wässer, Teil 2. In: beton 37 (1987) 12, S. 495-498

[7] Hilsdorf, H. K.; Reinhardt, H.-W.: Beton In: Beton-Kalender 1999: Teil 1; Taschenbuch für Beton,- Stahlbeton- und Spannbetonbau sowie die verwandten Fächer / Eibl, J. (Schriftl.). Berlin: Ernst & Sohn, 1999, S. 1-156

[8] Hüttl, Roland; Hochbeständiger Beton für abwassertechnische Anlagen – Konzeption sowie Möglichkeiten und Grenzen der Verwendung. Beton + Fertigteil Jahrbuch 2008 (2007), S. 139-143. Bauverlag BV GmbH, Gütersloh

[9] Knöfel, D.; Böttger, K.G.: Zum Verhalten von zementgebundenen Baustoffen in SO_2-angereicherter Atmosphäre. In: Betonwerk und Fertigteil-Technik 51 (1985) 2, S. 107-114

[10] Koelliker, E.: Über die Wirkung von Wasser und wässriger Kohlensäure auf Beton. In: Werkstoffwissenschaften und Bausanierung: Berichtsband des 2. internationalen Kolloquiums, Esslingen, 06.-08.09.1983 / Wittmann, F.H. (Hrsg.). Filderstadt: Edition Lack und Chemie, 1983, S. 195-200

[11] König, A.; Rasch, S.; Neumann, T.; Dehn, F.: Betone für biogenen Säureangriff im Landwirtschaftsbau. Beton- und Stahlbetonbau 105 (2010), Heft 11, S. 714-724

[12] Korrosion von Abwasseranlagen – Abwasserableitungen. Juni 2010, Deutsche Vereinigung für Wasserwirtschaft, Abwasser und Abfall e.V. -DWA-, Hennef ATV (Hrsg.). Hennef (Merkblatt DWA-M 168):

[13] Locher, F. W.; Sprung, S.: Die Beständigkeit von Beton gegenüber kalklösender Kohlensäure. In: Beton 25 (1975) 7, S. 241-245

[14] Locher, F. W.; Rechenberg, W.; Sprung, S.: Beton nach 20jähriger Einwirkung von kalklösender Kohlensäure. In: Beton 34 (1984) 5, S.193-198

[15] Ludwig, H.-M.: Treibender Betonangriff. Symposium Schutz und Widerstand durch Betonbauwerke bei chemischem Angriff – Karlsruhe, 17.03.2011

[16] Müller, C.; Lang, E.: Dauerhaftigkeit von Beton mit Portlandkalkstein- und Portlandkompositzement CEM II/M (S-LL). beton 55 (2005) Nr. 3, S. 131-138; Nr. 4, S. 197-202 und Nr. 5, S. 266-269.

[17] Nägele, E.; Hillemeier, B.; Hilsdorf, H. K.: Der Angriff von Ammoniumsalzlösungen auf Beton = Attack of Ammonium Salt Solutions of Concrete. In: Betonwerk und Fertigteil-Technik 50 (1984) 11, S. 742-751

[18] Neck, U.: Leistungsfähigkeit von Beton in Bauwerken zur Abwasserentsorgung In: Beton 47 (1997) 7, S. 400-405

[19] Rechenberg, W.; Sylla, H.-M.: Die Wirkung von Ammonium auf Beton. beton 43 (1993) 1, S. 26-31

[20] Rechenberg, W.; Sylla, H.-M.: Die Wirkung von Magnesium auf Beton In: Zement-Kalk-Gips 49 (1996) 1, S. 44-56

[21] Richter, Thomas: Beton für Behälter in Biogasanlagen. Düsseldorf: Verein Deutscher Zementwerke, VDZ, 2010-12 (Zement-Merkblatt: landwirtschaftliches Bauen 14)

[22] Verein Deutscher Zementwerke e.V.: Schlussbericht zum AiF-Forschungsvorhaben „Dauerhaftigkeit von Betonen unter Verwendung von Zementen mit mehreren Hauptbestandteilen (Teil 1: Zemente mit bis zu 35 M.-% Kalkstein in Kombination mit Hüttensand) - Kurztitel: Dauerhaftigkeit von Betonen mit CEM II-Zementen vom 30.09.2004 (AiF-Vorhaben-Nr. 13332 N)

[23] Verein Deutscher Zementwerke e.V.: Zement-Taschenbuch 51. Ausgabe 2008

[24] Wischers, G.; Sprung, S.: Verbesserung des Sulfatwiderstands von Beton durch Zusatz von Steinkohlenflugasche: Sachstandsbericht Mai 1989 In: Beton 40 (1990) 1, S. 17-21; 2, S. 62-66

7   Autoren

Dr.-Ing. Christoph Müller
Patrick Schäffel
Forschungsinstitut der Zementindustrie
Tannenstraße 2
40476 Düsseldorf

Maßnahmen gemäß Regelwerken – Vorgehensweise bei Expositionsklassen XA

Diethelm Bosold

Zusammenfassung

Die Stärke eines chemischen Angriffs von Wässern und Böden vorwiegend natürlicher Zusammensetzung auf Beton erfolgt über die Einstufung von fünf charakteristischen chemischen Parametern. Die Unterteilung erfolgt in drei Angriffsgraden. In den aktuellen europäischen Betonnormen werden die verschiedenen Angriffsarten Frost, Verschleiß und andere als Expositionsklassen bezeichnet und beim chemischen Angriff mit den Kürzeln XA1 bis XA3 abgekürzt. Die Angriffsgrade „schwach" - „mäßig" - „stark" sind gleichbedeutend mit den Expositionsklassen XA1 - XA2 - XA3. Die Expositionsklassen sind mit Anforderungen an die Betonzusammensetzung verbunden. Grundsätzlich gilt, je dichter ein Beton ist, desto geringer ist der chemische Angriff. Der Widerstand des Betons wird also über den Wasserzementwert gesteuert. Bei Sulfatangriff muss ab einer festgelegten Stufe ein Zement mit hohem Sulfatwiderstand eingesetzt werden. Bei der Expositionsklasse XA3 reicht die Betonzusammensetzung alleine nicht mehr aus. Hier muss der Beton durch eine zusätzliche Schicht (Beschichtung, Verkleidung u. a.) geschützt werden. Alternativ besteht die Möglichkeit über ein Gutachten eine Lösung festzulegen.

1 Regelwerke

Um einen chemischen Angriff auf Beton zu verhindern müssen die Regelungen zweier Normen beachtet werden. In DIN 4030 Teil 1, Beurteilung betonangreifender Wässer, Böden und Gase [2] werden die angreifenden Stoffe benannt und diese Stoffe den maßgeblichen Wässern, Böden und Gasen zugeordnet. Zur besseren Übersichtlichkeit sind fünf charakteristische chemische Parameter ausgesucht worden: pH-Wert, kalklösende Kohlensäure, Ammonium, Magnesium und Sulfat. In Abhängigkeit von der Menge dieser Stoffe sind in Tabelle 4 Angriffsgrade definiert.

Im DIN Fachbericht 100 [1] werden den in DIN 4030 definierten Angriffsgraden Mindestforderungen an die Betonzusammensetzung und Betoneigenschaften zugeordnet. Zur einfacheren Arbeit mit den Regelwerken ist die Tabelle 4 aus der DIN 4030-1 hier ebenfalls abgedruckt.

In der aktuellen DIN 4030-1 befinden sich einige Ungenauigkeiten. Daher ist eine Berichtigung oder Erläuterung geplant. Die genaue Vorgehensweise und der genaue Wortlaut sind noch nicht bekannt. Auf diese fraglichen Punkte wird im Folgenden verwiesen.

2 Betonangreifende Wässer, Böden und Gase nach DIN 4030-1

2.1 Anwendungsbereich

In DIN 4030-1 sind Verfahren und Kriterien für die Beurteilung des Angriffsvermögens auf Beton von Wässern vorwiegend natürlicher Zusammensetzung sowie von Böden und Gasen festgelegt. Konzentrierte Lösungen einiger Industrieabwässer sind durch die DIN 4030 nicht abgedeckt.

Die Vorgehensweise bei Angriffen weiterer spezifischer Wässer und chemischer Substanzen sind auch in weiterführenden Normen z. B. für Abwasserrohre, Kläranlagen, landwirtschaftliche Bauten und LAU-Anlagen festgelegt.

2.2 Betonangreifende Stoffe und Ihre Wirkungen

Wässer und Böden können Beton angreifen wenn Sie freie Säuren, Sulfide, Sulfate, Magnesiumsalze, Ammoniumsalze oder einige organische Verbindungen enthalten. Zusätzlich können auch weiche Wässer Beton angreifend wirken. Bei Anwesenheit von Feuchte können auch einige Gase Beton angreifen.

Saure Wässer, weiche Wässer und auch Gaseintrag in feuchten Beton führen zu einem lösenden Betonangriff. Austauschreaktionen von Magnesium- und Ammoniumsalzen lösen Calciumhydroxid aus dem Zementstein und führen ebenso zu einem lösenden Betonangriff.

Sulfate reagieren im Beton zu Calciumaluminathydrat oder Gips und können einen treibenden Angriff auslösen.

2.3 Vorkommen betonangreifender Stoffe

Meerwasser wird trotz der hohen Salzgehalte nur als mäßig betonangreifend eingestuft. In [3] wird das einerseits auf die gegenseitige mindernde Beeinflussung der vielen im Meerwasser vorhandenen Salze zurückgeführt. Andererseits scheinen die Reaktionsprodukte auch die Poren zu füllen und ein Fortschreiten der Korrosion zu verlangsamen.

Meerwasser in Mündungsbereichen und Brackwasser können beim Salzgehalt erheblich vom Meerwasser abweichen. Achtung, hier liegt ein Fehler in der Norm vor. Während in der Fassung der DIN 4030-1 von 1991 die angreifende Wirkung als „stark" und damit als zweiter Angriffsgrad angesehen wird, ist in der Fassung von 2008 die angreifende Wirkung immer noch als „stark" eingestuft. Nicht berücksichtigt ist aber, dass die Begriffe für die Angriffsgrade von „schwach" - „stark" - „sehr stark" abgeändert wurden zu „schwach" - „mäßig" - „stark". Damit wäre Meerwasser in Mündungsbereichen und Brackwasser jetzt in den stärksten Angriffsgrad einzuordnen. Das ist so aber nicht vorgesehen. Dieses Wasser soll nach wie vor in den zweiten Angriffsgrad also mäßig angreifend entsprechend der Expositionsklasse XA2 eingestuft werden.

Gebirgs- und Quellwässer enthalten gelegentlich kalklösende Kohlensäure und Sulfate. Moorwässer sind meist betonangreifend, da sie kalklösende Kohlensäure, Sulfate sowie Huminsäuren enthalten.

Grundwasser und andere Bodenwässer werden durch die natürlichen und künstlichen Ablagerungen beeinflusst, die sie durchsickern. Damit sind alle fünf Parameter der Tabelle 4 der DIN 4030-1 in unterschiedlichen Stärken möglich.

Böden können Sulfide und austauschfähige und damit säurebildende Bestandteile enthalten. Moorböden enthalten die gleichen betonangreifenden Stoffe wie Moorwässer.

2.4 Beurteilung betonangreifender Wässer, Böden und Gase

Im Allgemeinen reicht die Untersuchung des Wassers. Bodenproben sind zu untersuchen, wenn der Verdacht auf betonangreifende Stoffe im Boden besteht (Verfärbungen) und eine Wasserentnahme gerade nicht möglich ist und mit einer Durchfeuchtung des Bodens, also dem Wasser als Transportmedium, zu rechnen ist.

Randbedingungen sind einerseits eine Wasser-/ Bodentemperatur zwischen 5 °C und 25 °C. Eine höhere Temperatur wie z. B. bei Thermalquellen führt zu einer stärken Angriffsreaktion. Andererseits ist die Fließgeschwindigkeit des Wassers maßgebend, da sich bei praktisch stehendem Wasser die betonangreifenden Bestandteile nur langsam erneuern können. Bei einer sehr hohen Fließgeschwindigkeit könnte theoretisch auch ein mechanischer Abtrag einer schützenden Reaktionsschicht erfolgen. Da die Fließgeschwindigkeit direkt mit der Durchlässigkeit des Bodens zusammenhängt, ist der Grenzwert der Durchlässigkeitsbeiwert $k < 10^{-5}$ m/s.

Der gleiche Durchlässigkeitsbeiwert kommt noch einmal in Tabelle 2 von [1] als Fußnote zum Tragen. Bei Sulfat in Tonböden darf bei dieser Durchlässigkeit der Angriffsgrad in eine niedrigere Klasse eingestuft werden.

Im DIN Fachbericht 100 ist festgelegt, dass wenn zwei oder mehr chemische Merkmale auftreten und davon mindestens ein Merkmal im oberen Viertel der Klasse (bei pH-Wert im unteren Viertel) liegt, muss das Wasser der nächsthöheren Klasse zugeordnet werden. Es kann aber auch durch eine Studie nachgewiesen werden, dass dies nicht erforderlich ist. In DIN 4030 [2] ist die Regelung an zwei unterschiedlichen Stellen davon abweichend. In Abschnitt 5.2.3. (2) steht eine „weichere" Regelung mit „zwei oder mehr Werte im oberen Viertel eines Bereichs", in Abschnitt 5.3.1 (3) befindet sich eine härtere Regelung mit „zwei oder mehr Merkmale führen zur höheren Einstufung". Maßgebend ist die Regelung im DIN Fachbericht 100.

3 Grenzwerte für Zusammensetzung und Eigenschaften von Beton nach DIN Fachbericht 100

3.1 Allgemeines

Die Klasseneiteilung chemisch angreifender Umgebungen von „schwach" - „mäßig" - „stark" ist gleichbedeutend mit den Expositionsklassen XA1 - XA2 - XA3. Für diese Expositionsklassen sind in [1] Tabelle 1 Beispiele genannt.

Tab. 1: Betonkorrosion durch chemischen Angriff

Klasse	Umgebung	Beispiele
XA1	chemisch schwach angreifende Umgebung	Behälter von Kläranlagen; Güllebehälter
XA2	chemisch mäßig angreifende Umgebung und Meeresbauwerke	Betonbauteile, die mit Meerwasser in Berührung kommen; Bauteile in betonangreifenden Böden
XA3	chemisch stark angreifende Umgebung	Industrieabwasseranlagen mit chemisch angreifenden Abwässern; Futtertische der Landwirtschaft; Kühltürme mit Rauchgasableitung

In Anhang F des DIN Fachberichts 100 sind Grenzwerte für die Betonzusammensetzung und Eigenschaften des Betons festgelegt. Wie bei den anderen Expositionsklassen auch wird die Widerstandsfähigkeit des Betons zunächst durch den Wasserzementwert, sowie durch die Betonfestigkeitsklasse (die natürlich eng mit dem w/z-Wert zusammenhängt) und dem Mindestzementgehalt (auch bei Anrechnung von Zusatzstoffen) sichergestellt. Dabei lässt sich die Widerstandsfähigkeit des Betons bei den Expositionsklassen XA1 und XA2 ausschließlich durch die Betonzusammensetzung erzielen. Die Expositionsklasse XA1 entspricht in der Betonzusammensetzung einem Außenbauteil (XC4 und XF1) oder einem Beton mit hohem Wassereindringwiderstand. Bei XA2 wird die Widerstandsfähigkeit über einen geringeren Wasserzementwert von 0,50 und damit über eine geringere Kapillarporosität erreicht. Abweichend von den anderen Expositionsklassen reicht in der höchsten Expositionsklasse XA3 die Widerstandsfähigkeit des Betons nicht mehr aus und es muss mit einer zusätzlichen Schutzschicht gearbeitet werden. Dabei kommen gemäß [1] Schutzschichten oder dauerhafte Bekleidungen zur Anwendung.

3.2 Treibender Angriff durch Sulfate

Zusätzlich zu den vorgenannten Grenzwerten der Betonzusammensetzung besteht die Möglichkeit, bei treibendem Angriff durch Sulfate einen Zement mit hohem Sulfatwiderstand (HS-Zement) einzusetzen. Ab Expositionsklasse XA2 muss mit einem HS-Zement gearbeitet werden. Im Bereich von 600 bis 1500 mg SO_4^{2-}/l besteht die Möglichkeit eine Mischung aus Zement und Flugasche anzuwenden. Dabei werden in [1] Abschnitt 5.2.5.2.2 die einsetzbaren Zementarten etwas eingeschränkt. Zusätzlich variiert die einzusetzende Mindestmenge an Flugasche in Abhängigkeit von der Zementart.

Da die Grenze von 1500 mg SO_4^{2-}/l mitten in der Expositionsklasse XA2 liegt, reicht es nicht, nur die Expositionsklasse anzugeben. Es muss auch der Sulfatgehalt angegeben werden, damit der Betontechnologe alle zur Verfügung stehenden Möglichkeiten ausschöpfen kann.

4 Historische Entwicklung

Schon kurz nach der Etablierung der Betonbauweise wurde den Bauschaffenden klar, dass die Umgebungsbedingungen einen Einfluss auf die Dauerhaftigkeit der Betonkonstruktionen haben. Frost und Meerwasser, aber auch Stoffe aus Grundwässern und Böden können den Beton angreifen. Seit einigen Jahrzehnten dienen deswegen fünf charakteristische chemische Parameter zur Einstufung der Stärke eines Angriffs von Böden und Wässern: der pH-Wert, die kalklösende Kohlensäure und der Gehalt von Ammonium, Magnesium und Sulfat.

Tabelle 2 zeigt die Entwicklung dieser Grenzwerte in den letzten 40 Jahren. Dabei zeigt sich, dass die Grenzwerte überwiegend unverändert blieben. Nur beim Magnesium sind die Grenzwerte im Laufe der Zeit deutlich erhöht worden. Mit der Einführung der europäischen Normung wurden die Grenzwerte im höchsten Angriffsgrad nach oben begrenzt.

Bei der Bezeichnung der Angriffsgrade ist zu beachten, dass die Bezeichnungen der Abstufung von „schwach“ - „stark“ - „sehr stark“ abgeändert wurden zu „schwach“ - „mäßig“ - „stark“. Der Angriffsgrad „stark“ angreifend bezeichnet in der alten Literatur also den zweiten Angriffsgrad, in der aktuellen Literatur aber den dritten Angriffsgrad. Zum besseren Vergleich ist die neue Nomenklatur in der Tabelle auch für die alten Normenausgaben übernommen worden.

Tab. 2: Grenzwerte zur Beurteilung des Angriffsgrades von Wässern vorwiegend natürlicher Zusammensetzung

Parameter und Angriffs- grad [a]	Ausgabejahr DIN 4030		
	1969	1991	2008
pH-Wert			
schwach	6,5-5,5	6,5-5,5	6,5-5,5
mäßig	5,5-4,5	5,5-4,5	5,5-4,5
stark	< 4,5	< 4,5	4,5-4,0
kalklösende Kohlensäure			
schwach	15-30	15-40	15-40
mäßig	30-60	40-100	40-100
stark	> 60	> 100	> 100 [b]
Ammonium			
schwach	15-30	15-30	15-30
mäßig	30-60	30-60	30-60
stark	> 60	> 60	60-100
Magnesium			
schwach	100-300	300-1000	300-1000
mäßig	300-1500	1000-3000	1000-3000
stark	> 1500	> 3000	> 3000 [b]
Sulfat			
schwach	200-600	200-600	200-600
mäßig	600-3000	600-3000	600-3000
stark	> 3000	> 3000	3000-6000

[a] pH-Wert ohne Einheit, sonst in [mg/l]
[b] obere Grenze: Sättigung

Aus den Expositionsklassen XA1 - XA2 - XA3 bzw. Angriffsgraden „schwach“ - „mäßig“ - „stark“ resultieren Grenzwerte der Betonzusammensetzung und Betoneigenschaften. Tabelle 3 zeigt die Entwicklung dieser Grenzwerte der Betonzusammensetzung.

Tab. 3: Grenzwerte der Betonzusammensetzung

	Ausgabejahr DIN 1045		
	1978	1988	2001
max. w/z-Wert			
schwacher Angriff	0,60	0,60	0,60
mäßiger Angriff	0,50	0,50	0,50
starker Angriff	0,50	0,50	0,45
HS Zement	einzusetzen ab … mg SO_4^{2-}/l		
schwacher Angriff	> 400	-	-
mäßiger Angriff	ja	> 600	> 600*
starker Angriff	ja	ja	ja
* bis 1500 mg/l Mischung aus Zement und Flugasche zulässig			

Der Wasserzementwert als der zentrale Parameter der Betontechnologie ist nahezu unverändert. Daraus lässt sich ableiten, dass sich die Widerstandsfähigkeit eines Betons als ausreichend für den jeweiligen Angriffsgrad erwiesen hat. Neben der Dichtigkeit spielt beim Sulfatangriff die Zementart eine Rolle. Der Grenzwert, ab dem ein Zement mit hohem Sulfatwiderstand (noch aktuelle Bezeichnung HS-Zement) eingesetzt werden muss, hat sich im Laufe der Jahre von 400 auf 600 mg SO_4^{2-}/l erhöht. Bis 1500 mg/l besteht aktuell die Möglichkeit mit einem Gemisch aus Zement und Flugasche zu arbeiten.

5 Literaturhinweise

[1] DIN Fachbericht 100 Beton (3-2010)

[2] DIN 4030 Beurteilung betonangreifender Wässer, Böden und Gase, Teil 1 Grundlagen und Grenzwerte (6-2008)

[3] Imre Biczok, Betonkorrosion – Betonschutz, Bauverlag Wiesbaden, 2. Deutsche Ausgabe (1968)

6 Autor

Dr.-Ing. Diethelm Bosold
BetonMarketing West GmbH
Annastraße 3
59269 Beckum

Wasserbehälter und Regenauffangkonstruktionen aus Beton

Stefan Kordts

Zusammenfassung

Die Speicherung und Weiterleitung von Regenwasser im Trenn- oder Mischsystem wird erfolgreich und wirtschaftlich durch Stahlbetonbauwerke realisiert. Um sie entsprechend dauerhaft und widerstandsfähig auszubilden, müssen sie sorgfältig geplant und ausgeführt werden. Daher sind die einwirkenden Umgebungsbedingungen möglichst genau zu erfassen. Behälter, die im Trennsystem Regenwasser auffangen und weiterleiten, unterliegen keinem direkten chemischen Angriff. Hier ist nur der Einfluss von eventuell vorhandenen Chloriden und Alkalien aus Taumitteln auf den Bewehrungsstahl und die Gesteinskörnung zu berücksichtigen. Wird Mischwasser gespeichert und weitergeleitet, erfolgt ein chemischer Angriff auf den Beton entsprechend der zu erwartenden Zusammensetzung des abzuleitenden Mediums. Dieser impliziert die Verwendung bestimmter Ausgangsstoffe und Betonzusammensetzungen. Darüber hinaus müssen sowohl konstruktive als auch betontechnologische Maßnahmen beachtet und umgesetzt werden, um ein möglichst zwängungs- und rissarmes Bauwerk zu errichten. Der Beitrag fasst die Einwirkungsseite des chemischen Angriffs auf den Beton im Trenn- und Mischwasserbereich zusammen und gibt Hinweise zur Ausführung von Wasserbehälter und Regenauffangkonstruktionen aus Stahlbeton.

1 Allgemeines

Ebenso wie der chemische Angriff auf Beton vielfältig sein kann, gibt es eine Vielzahl an Wasserbehältern aus Stahlbeton mit ganz unterschiedlichen Aufgaben und Funktionen. So gibt es Trinkwasserbehälter mit besonderen Anforderungen an die Hygiene, Auffangkonstruktionen im Sinne des Wasserhaushaltsgesetzes, Behälter zur Speicherung industrieller Brauch- und Abwässer sowie Abwasserbehälter im Trenn- oder Mischsystem. Dieser Beitrag befasst sich mit Regenrückhaltebecken und Entwässerungsschächten im Trenn- und Mischsystem, also mit der Speicherung und Weiterleitung von Regenwasser bzw. durch mit Regenwasser verdünntes kommunales Abwasser.

Regenrückhaltebecken dienen im Rahmen des jeweiligen Entwässerungskonzepts der Zwischenspeicherung von Niederschlagswasser. Sie entlasten so die nachfolgenden Anlagen zur Wasserbehandlung und die ableitenden Gewässer bei größeren Regenereignissen. Dieses Niederschlagswasser wird dann zeitverzögert an sie weitergeleitet. Weiterhin können Regenrückhaltebecken so ausgebildet sein, dass sie eventuell vorhandene wassergefährdende Flüssigkeiten, z. B. Kraftstoffe oder Feststoffe, die vom Oberflächenwasser aufgenommen und mitgeführt werden, abtrennen.

Im Folgenden werden die möglichen Angriffe auf die Stahlbetonkonstruktion und daraus resultierende Anforderungen an den Baustoff Beton behandelt sowie Hinweise zur Konstruktion und Ausführung gegeben. Die räumliche Dimensionierung dieser Behälter und die betriebstechnische Ausstattung einschließlich der Erfordernis zur Anordnung von Ölabscheidern werden nicht behandelt und als gegeben vorausgesetzt.

2 Arten von Regenrückhaltebecken

Regenrückhaltebecken können offen oder geschlossen ausgeführt werden. Die jeweilige Ausführungsart hängt von den unterschiedlichen Gegebenheiten ab. In [1] werden die Vorteile der jeweiligen Bauweisen genannt. Offene Becken zeichnen sich u. a. durch eine optimale Übersicht sowie wirtschaftliche Betriebskosten aus. Geschlossene Becken bieten u. a. einen geringeren Platzbedarf und eine anderweitige Nutzung des Grundstücks sowie ein geringes Risiko von Betriebsstörungen infolge von Fremdkörpern wie Steine, Holz oder Laub. Weiterhin ist die Geruchsemission von Bauwerken im Mischsystem genau bei der Planung zu berücksichtigen. Hinsichtlich des chemischen Angriffs auf Regenrückhaltebecken im Trennsystem ist die Unterscheidung zwischen offenen oder geschlossenen Becken relativ unerheblich, da der Angriff des Behälterraums über die Zusammensetzung des eingeleiteten Wassers definiert wird. Im Gegensatz zu Misch- oder Abwasseranlagen werden nur geringe Mengen biologischer Bestandteile durch das Regenwasser aufgenommen. Somit ist das Potenzial für einen Fäulnisprozess, der zur Bildung von Sulfiden bzw. Sulfaten führen kann, gering.

Ein nennenswerter Unterschied ist allerdings in der Frostbeanspruchung des Betons des Speicherraumes von geschlossenen oder offenen Behältern vorhanden. Gleiches gilt für Zwängungen infolge thermischer Belastung. Aus konstruktiver Sicht bietet die geschlossene Bauweise zudem den Vorteil, dass das Gewicht der Decke bei der Bemessung eines eventuellen Auftriebs berücksichtigt werden kann. Dadurch kann die Sohle in einer geringeren Stärke bemessen werden, was sich positiv auf die Rissneigung des Betons infolge abfließender Hydratationswärme bemerkbar macht.

3 Chemischer Angriff

3.1 Regenrückhaltebecken im Trennsystem

Der chemische Angriff auf die Stahlbetonkonstruktion erfolgt zum einen auf die Innenseiten des Behälters durch das zu speichernde Medium. Hier hängt der Angriffsgrad von der Art der zu entwässernden Fläche ab. Es können beispielhaft drei Kategorien gebildet werden. Zu nennen sind:

- Versiegelte Flächen ohne Taumittelbeaufschlagung und eingeschränkter Befahrung,
- Verkehrsflächen mit üblicher Taumittelbeaufschlagung und Befahrung sowie
- Flugflächen mit spezieller Tau- und Enteisungsmittelbeaufschlagung, die gegebenenfalls sogar als Tankflächen verwendet werden.

Zum anderen müssen die lokalen Gegebenheiten des anstehenden Bodens und Grundwassers bei der Bemessung der Außenwände berücksichtigt werden.

Für den ersten Fall der versiegelten Flächen ohne Taumittelbeaufschlagung und eingeschränkter Befahrung gibt es für die Behälterinnenwand keine Anforderungen an einen chemischen Angriff. So werden z. B. in Anhang A der Technischen Regelungen der Emschergenossenschaft bzw. des Lippeverbandes [2] folgende Angaben über die maßgeblichen Expositionsklassen gemacht, siehe Tabelle 1.

Der zweite Fall der Entwässerung von Verkehrsflächen unterscheidet sich vom ersten durch die Anwesenheit von Chloriden und ggf. Reste von Kraftstoffen im Wasser. Der chemische Angriff von Kraftstoffen im Regenwasser ist sowohl aufgrund der Verdünnung als auch aufgrund des Schädigungspotenzials des Kraftstoffs selbst als unbedeutend für den Beton einzustufen. Die Anwesenheit von Chloriden sollte bei der Expositionsklassenwahl zum Schutz der Bewehrung je nach planmäßiger Taumittelbeaufschlagung der zu entwässernden Fläche mit XD1 oder XD2 berücksichtigt werden. Zudem sollte hier der chemische Angriff auf die Gesteinskörnung des Betons beachtet werden und die Feuchteklasse WA der DAfStb-Richtlinie Vorbeugende Maßnahmen gegen schädigende Alkalireaktion im Beton (Alkali-Richtlinie) [3] Anwendung finden.

Tab. 1: Expositionsklassen für Bauwerke im Wasser- und Abwasserbereich, Auszug aus [2], Anhang A

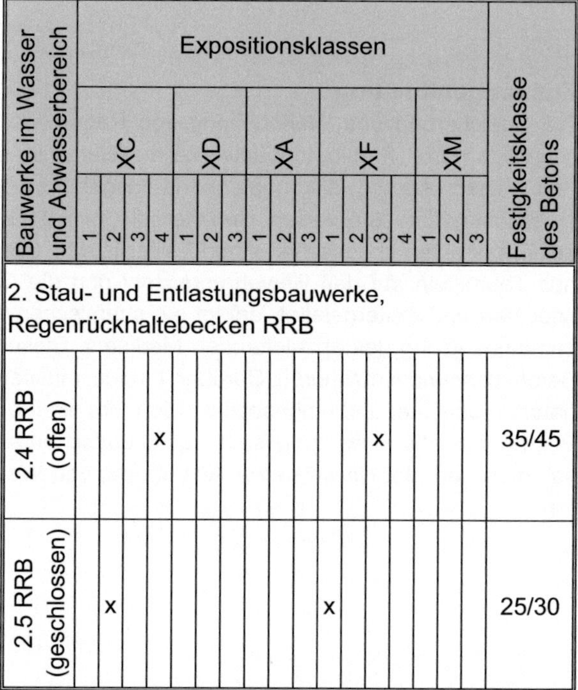

Bauwerke im Wasser und Abwasserbereich	Expositionsklassen																	Festigkeitsklasse des Betons
	XC				XD			XA			XF				XM			
	1	2	3	4	1	2	3	1	2	3	1	2	3	4	1	2	3	
2. Stau- und Entlastungsbauwerke, Regenrückhaltebecken RRB																		
2.4 RRB (offen)				x									x					35/45
2.5 RRB (geschlossen)		x									x							25/30

Für den dritten Fall der Entwässerung von Flugbetriebsflächen gilt sinngemäß das Vorstehende. Hier ist jedoch zu beachten, dass die Art und die Menge von aufgebrachten Tau- und Enteisungsmitteln sehr unterschiedlich sein können. Ebenfalls ist hier der chemische Angriff auf den Beton infolge einer möglichen schädigenden Alkalireaktion zwischen Gesteinskörnung und Bestandteilen des Taumittels zu berücksichtigen. Chloridhaltige Tau- und Enteisungsmittel werden wegen ihres hohen Korrosionspotenzials zum Schutz der Flugzeuge auf Flugbetriebsflächen nicht verwendet. Stattdessen werden Alkohole, synthetische Harnstoffe, Acetate und Formiate eingesetzt. Während die Alkohole und synthetischen Harnstoffe als relativ unbedenklich angesehen werden können, enthalten die Tau- und Enteisungsmittel auf Acetat- und Formiatbasis je nach Ausbildung Natrium- oder Kaliumionen. Diese stehen nach [4] in Verdacht, eine schädigende Alkalireaktion im Beton auslösen zu können. Daher sollte in diesen Fällen der Auswahl der Gesteinskörnung eine besondere Bedeutung beigemessen werden.

3.2 Regenrückhaltebecken bzw. Bauwerke im Mischwasserbereich

Wird Mischwasser gespeichert oder weitergeleitet, sind weiterführende Maßnahmen gegen einen chemischen Angriff auf den Beton zu ergreifen. Die hier gegenständlichen kommunalen Mischwässer sind aufgrund der Einleitungsverordnungen der Kommunen und Städte in ihrer Angriffsart und ihrem Angriffsgrad begrenzt. So werden in [5] sowohl Grenzwerte für eine dauernde Beanspruchung als auch Grenzwerte für eine zeitweilige oder kurzzeitige Beanspruchung von Beton im Kanalnetz durch kommunales Abwasser angegeben. Die Grenzwerte für eine dauernde Beanspruchung zeigt Tabelle 2.

In der Regel ist der Angriff durch Sulfide und Sulfate aus dem Abwasser maßgebend. Dabei kann es sowohl zu einem lösenden Angriff oberhalb des Wasserspiegels durch die biologische Oxidation von Schwefelwasserstoff zu Schwefelsäure als auch zu einem treibenden Sulfatangriff unterhalb des Wasserspiegels kommen.

Insgesamt führen die vorhandenen Umgebungsbedingungen in Mischwasserkanälen und Mischwasserspeichern z. B. nach [2] zu einer Einordnung in die Expositionsklassen XC2, XD2, XA2 und XM1 bei einer Mindestfestigkeitsklasse des Betons von C35/45. Ein Frostangriff wird hier nicht berücksichtigt, da die Bauwerke in der Regel geschlossen sind. Der höchstzulässige Wasserzementwert beträgt auch nach DIN EN 206-1 in Verbindung mit DIN 1045-2, wie auch schon in Tabelle 2 mit Bezug auf DIN 1045:1988 angegeben, w/z = 0,50. Im Gegensatz zu den Forderungen der Tabelle 2 Bezüglich des Bindemittels erlaubt die DIN EN 206-1/DIN 1045-2 im Bereich XA2 bei einem Sulfatgehalt des angreifenden Wassers von $SO_4^{2-} \leq 1500$ mg/l anstelle des Einsatzes eines Zements mit hohem Sulfatwiderstand HS eine Mischung aus Zement und Flugasche. Der Mindestgehalt an Flugasche ist dabei von der verwendeten Zementart abhängig.

Werden diese Grenzwerte für die dauerhafte oder für die zeitweilige bzw. kurzzeitige Beanspruchung überschritten, sind weiterführende Maßnahmen zum Schutz des Betons notwendig. Führt die Einstufung des vorhandenen Angriffsgrades in die Expositionsklasse XA3, muss der Beton zusätzlich durch eine Schutzschicht oder dauerhafte Bekleidung geschützt werden. Zudem gibt es die Möglichkeit, im Rahmen eines Gutachtens besondere betontechnologische Maßnahmen festzulegen, die dem jeweiligen chemischen Angriff gerecht werden. Beispielhaft sei hier der Einsatz von Betonen mit erhöhtem Säurewiderstand genannt, die bisher im Kühlturmbau [6] und bei besonderen Abwasserprojekten [7] zum Einsatz kamen.

In [8] sind weitergehende Anforderungen an den Beton und die Betonausgangsstoffe für einen erhöhten Säurewiderstand definiert. Darüber hinaus sind mittlerweile vorfraktionierte Bindemittel verfügbar, die unter Einhaltung betontechnologischer Maßgaben zur Mischungszusammensetzung und zur Gesteinskörnungsart die Herstellung von Betonen mit hohem Widerstand gegen Säureangriff ermöglichen, u. a. [9, 10].

Tab. 2: Grenzwerte für eine dauernde Beanspruchung von Beton im Kanalnetz durch kommunales Abwasser [5]

Angriffsart	Angriffe, z. B. durch	Beanspruchungskennwerte von üblichem kommunalem Abwasser	ausreichender Betonwiderstand gegeben	
			Grenzwerte im Abwasser (bei dauernder Beanspruchung)	bei Einhaltung folgender Anforderungen an den Beton
1	2	3	4	5
lösend durch Auslaugung	weiches Wasser	nicht gegeben	entfällt	-
lösend durch Säureangriff	anorg. und organ. Säuren	pH-Wert: 6,5-10	pH-Wert $\geq 6,5$	w/z $\leq 0,50^{2)}$ und Wassereindringtiefe ≤ 30 mm
	CO_2 kalklösend	< 10 mg/l[1]	≤ 15 mg/l	
lösend durch Austauschreaktion	Mg^{2+}	< 100 mg/l	≤ 1000 mg/l	
	NH_4-N	< 100 mg/l	≤ 300 mg/l	
treibend	SO_4^{2-}	< 250 mg/l	≤ 600 mg/l	
			< 3000 mg/l	HS-Zement

[1] Im üblichen kommunalen Abwasser wird dieser Wert nicht erreicht. Allenfalls bei der Ableitung großer Mengen kohlensäurehaltigen Grundwassers (z. B. Drainagewasser) ist in Einzelfällen ein Wert in der angegebenen Größenordnung denkbar.

[2] Durch niedrigere w/z-Werte und durch die Verwendung von Beton mit besonderer Zusammensetzung wird der chemische Widerstand des Betons erheblich begünstigt.

4 Hinweise zur Konstruktion und Ausführung

4.1 Allgemeines

Die Dichtigkeit des Behälters ist sowohl für seine Funktion als auch für seine Dauerhaftigkeit entscheidend. Daher sind weitergehende planerische und betontechnologische Maßnahmen erforderlich, um auftretende Risse auf ein Minimum zu reduzieren. Werden die nachstehenden Maßnahmen in Verbindung mit den obigen Vorgaben berücksichtigt und umgesetzt, lassen sich dauerhafte und widerstandsfähige Wasserbehälter und Regenauffangkonstruktionen aus Beton realisieren.

4.2 Planerische Maßnahmen

Wasserbehälter und Regenrückhaltebecken sollten entsprechend den Vorgaben der DAfStb-Richtlinie „Wasserundurchlässige Bauwerke aus Beton" [11] konstruiert und bemessen werden. Sie sollten darüber hinaus von vornherein so ausgebildet werden, dass Zwängungen aus der Geometrie des Beckens möglicht gering sind. Als maßgebliche Bemessungsfälle im Sinne der Tragfähigkeit sollten in der Regel die nachfolgenden zwei Zustände berücksichtigt werden:

- Entleertes Becken bei voller Erdanschüttung, ggf. unter Berücksichtigung einer Verkehrsauflast am Beckenrand.
- Gefülltes Becken ohne Erdanschüttung.

In Abhängigkeit der vorhandenen Grundwasserverhältnisse muss die Sicherung gegen Auftrieb sowohl im Bauzustand als auch im Zustand des entleerten Beckens gegeben sein.

Für übliche erdberührte Bauwerke und Regenrückhaltebecken empfiehlt sich, eine zulässige rechnerische Rissweite von w_k = 0,20 mm anzusetzen. Für Hochbehälter ist eine geringere zulässige rechnerische Rissweite von z. B. w_k = 0,15 mm zu berücksichtigen. Hier ist ggf. sogar eine Vorspannung erforderlich, um die Dichtigkeit sicherzustellen.

Die Erfahrung zeigt, dass es oft bei offenen Behältern und Regenrückhaltebecken zu Schäden in Form von Rissen infolge nicht berücksichtigter Einwirkungen aus eingeprägten Verzerrungszuständen wie abfließende Hydratationswärme und Temperatureinwirkungen aus Witterungseinflüssen gekommen ist. Hier gibt die DAfStb-Richtlinie Betonbau beim Umgang mit wassergefährdenden Stoffen [12] in Abschnitt 4.3.3 Einwirkungszustände an, die sinngemäß angesetzt werden können.

Weiterführende Hinweise und Beispiele zur konstruktiven Gestaltung und Ausrüstung von Bauwerken der zentralen Regenwasserbehandlung und -rückhaltung sind in dem gleichnamigen ATV-DVWK-Regelwerk M176 [13] enthalten.

4.3 Betontechnologische Maßnahmen

Grundsätzlich sind die Grenzwerte der Betonzusammensetzung für die vorhandenen Umgebungsbedingungen und gewählten Expositionsklassen einzuhalten. Darüber hinaus sind weiterführende betontechnologische Maßnahmen notwendig, um ein möglichst dichtes und rissarmes Betongefüge zu erzeugen. Hier sind zu nennen:

- Verwendung einer möglichst schwindarmen Betonzusammensetzung in Anlehnung an [12] mit einem Zementleimgehalt von 290 l/m³.
- Verwendung einer Betonzusammensetzung mit geringer Hydratationswärmeentwicklung und langsamer bzw. sehr langsamer Festigkeitsentwicklung.
- Verwendung von Hochofenzementen bzw. Zement-Flugaschegemischen aufgrund der geringen Hydratationswärmeentwicklung und des dichten, sich ergebenden Zementsteingefüges.
- Einbau eines Betons mit möglichst geringer Frischbetontemperatur von 10 °C bis 25 °C.
- Verwendung einer Vorlaufmischung bei der Herstellung von Wänden im Bereich des Sohle-Wand-Anschlusses mit einem Größtkorn von 8 mm.
- Vermeidung von Mörtelanreicherungen an der Oberfläche durch die Verwendung von Betonen mit hohen Konsistenzen.
- Überprüfung der Qualität und Gleichmäßigkeit des einzubauenden Betons.
- Überprüfung des fachgerechten Betoneinbaus.
- Sicherstellung einer geeigneten Nachbehandlungsart und ausreichenden Nachbehandlungsdauer. Hier ist neben dem Schutz des Betons gegen Austrocknung ggf. auch der kontrollierte Abfluss der Hydratationswärme durch wärmedämmende Maßnahmen zu berücksichtigen.

4.4 Schlussbemerkung

Die Umsetzung dieser konstruktiven und betontechnologischen Maßnahmen führen in Verbund mit einer fachgerechten Einstufung des chemischen Angriffsgrades zur Errichtung dauerhafter und wirtschaftlicher Stahlbetonkonstruktionen.

5 Literatur

[1] Becker, M. et al. (1999) ATV-Regelwerk Abwasser – Abfall, ATV-A 166 Bauwerke der zentralen Regenwasserbehandlung und -rückhaltung. GFA Gesellschaft zur Förderung der Abwassertechnik e.V., Hennef

[2] Emschergenossenschaft/Lippeverband (2009) Technische Regelung „Planerische Anforderungen an Bauwerke aus Beton und Stahlbeton" – Standard. Version 2 in der ab 17.04.2009 geltenden Fassung

[3] Deutscher Ausschuss für Stahlbeton – DAfStb (2007) DAfStb-Richtlinie Vorbeugende Maßnahmen gegen schädigende Alkalireaktion im Beton (Alkali-Richtlinie). Ausgabe Februar 2007 einschließlich Berichtigung Ausgabe April 2010, Beuth Verlag GmbH Berlin

[4] Stark, J., Freyburg K., Giebson, C. (2006) AKR-Prüfverfahren zur Beurteilung von Gesteinskörnungen und projektspezifischen Betonen. beton 12/2006, Seiten 574-581

[5] Seyfried, C. F. et al. (1998) ATV-Regelwerk Abwasser – Abfall, ATV-M 168 Korrosion von Abwasseranlagen - Abwasserableitung. GFA Gesell-

schaft zur Förderung der Abwassertechnik e.V., Hennef

[6] Hüttl, R., Hillemeier, B. (2000) Hochleistungsbeton – Beispiel Säureresistenz. Betonwerk- und Fertigteiltechnik 66, Ausgabe 1, Seite 52-60

[7] n.n. (2008) Unterirdisches Rohrnetz schafft neuen Lebensraum, Der Emscher-Kanal – eine technische und ökologische Herausforderung. Bi UmweltBau 1, Seite 70-73

[8] Emschergenossenschaft/Lippeverband (2010) Technische Regelung „Zusätzliche technische Vertragsbedingungen für Beton- und Stahlbetonarbeiten für Bauwerke im Wasser- und Abwasserbereich". Version 2 in der ab 18.02.2009 geltenden Fassung

[9] Neumann Th. (2008) Säureresistente Betone und ihre Anwendung. Segment – Nachrichten und Informationen für Kunden und Partner, Evonik Industries (Hrsg.), Ausgabe Dezember, Seite 6-7

[10] Diepenseifen, M., Hornung, D., Schultz, W. (2008) Beton mit hohem Widerstand gegen Säureangriff. BetonWerk International, Sonderdruck aus Ausgabe 6 (Dezember), Seite 1-8

[11] Deutscher Ausschuss für Stahlbeton – DAfStb (2003) DAfStb-Richtlinie Wasserundurchlässige Bauwerke aus Beton (WU-Richtlinie). Ausgabe November 2003 einschließlich Berichtigung Ausgabe März 2006, Beuth Verlag GmbH Berlin

[12] Deutscher Ausschuss für Stahlbeton – DAfStb (2004) DAfStb-Richtlinie Betonbau beim Umgang mit wassergefährdenden Stoffen. Ausgabe Oktober 2004, Beuth Verlag GmbH Berlin

[13] ATV-DVWK Deutsche Vereinigung für Wasserwirtschaft, Abwasser und Abfall e.V. (2001) ATV-DVWK-Regelwerk M176 Hinweise und Beispiele zur konstruktiven Gestaltung und Ausrüstung von Bauwerken der zentralen Regenwasserbehandlung und -rückhaltung. GFA Gesellschaft zur Förderung der Abwassertechnik e.V., Hennef

6   Autor

Dr.-Ing. Stefan Kordts
Roxeler Ingenieurgesellschaft mbH
Otto-Hahn-Straße 7
48161 Münster

Gründungskonstruktionen in chemisch angreifender Umgebung

Rainer Burg

Zusammenfassung

Tiefe Gründungskonstruktionen in chemisch angreifendem Boden oder Grundwasser stellen hohe Anforderungen nicht nur an den Beton, sondern auch an alle Beteiligten in der Planung, Arbeitsvorbereitung und Ausführung. Hier handelt es sich um Spezialtiefbau auf höchstem Niveau, der nur durch richtiges und abgestimmtes Handeln aller Teilnehmer zum gewünschten „dauerhaften" Erfolg führt. Erste Voraussetzung ist die zeitnahe und fachlich korrekte Bewertung des chemischen Angriffs, um die am besten geeignete Gründungsvariante auszuwählen. Je nach geotechnischen und baustatischen Anforderungen können z. B. verrohrte Kelly-Bohrpfähle oder Rüttelortbetonpfähle zur Ausführung kommen. In beiden Fällen kann die Dauerhaftigkeit der Gründungskonstruktion in der Regel durch betontechnologische Maßnahmen erreicht werden. Zusätzlich erforderliche besondere Schutzmaßnahmen stellen entsprechend auch hohe Anforderungen an die Ausführungstechnik.

1 Gründungsvarianten

Der Spezialtiefbau ermöglicht eine Vielzahl von unterschiedlichsten Gründungsvarianten, die nach Ausführbarkeit und Wirtschaftlichkeit, überwiegend aber nach statischen Anforderungen und ggf. nach Anforderungen an die Dauerhaftigkeit ausgewählt werden.

Folgende Problemstellungen machen oft tiefe Gründungen erforderlich, die dann möglicherweise auch einem chemischen Angriff ausgesetzt sind, der planerisch und ausführungstechnisch zu beachten ist:

- Große Einzellasten müssen in den ausreichend tragfähigen Baugrund eingeleitet werden.
- Vermeidung großer oder ungleichmäßiger Setzungen – um das Bauwerk selber oder um Bauwerke im Untergrund vor unzulässigen Verformungen zu schützen.

Je nach geotechnischen und baustatischen Anforderungen können etwa verrohrte Kelly-Bohrpfähle, Schneckenortbetonpfähle, (Schlitzwand-) Baretts bzw. Mörtelsäulen, (vermörtelte) Rüttelstampfsäulen oder Rüttelortbetonpfähle zur Ausführung kommen. Besonders eine chemisch angreifende Umgebung durch Grundwasser oder Boden limitiert die Auswahl der konkreten Gründungsvarianten erheblich. Im Weiteren werden kurz die Varianten Bohrpfahlgründung und Baugrundverbesserung erläutert, wobei mit ersterem in der Regel höhere Lasten und größere Tiefen erreichbar sind.

1.1 Bohrpfahlgründung

Die Herstellung von klassischen Bohrpfählen ist in unterschiedlichsten Durchmessern (300 mm bis 1800 mm), variablen Bohrtiefen (bis ca. 70 m) und Neigung (bis 1:4) möglich.

Die Flexibilität des Bohrpfahls macht diesen zu einem Massivbauelement, das annähernd allen Gründungsproblemen (unter anderem auch dem chemisch angreifenden Milieu) gerecht wird.

Je nach Tragverhalten unterscheidet man zwischen Pfählen, die die Last überwiegend über Mantelreibung, und Pfählen, die die Last größtenteils über die Pfahlspitzen in den Baugrund einleiten.

Da bei lösenden und treibenden Angriff die Mantelfläche z. T. auch über den gesamten Pfahlquerschnitt angegriffen wird, muss in diesen Fällen die Mantelreibung gleich „0" gesetzt werden.

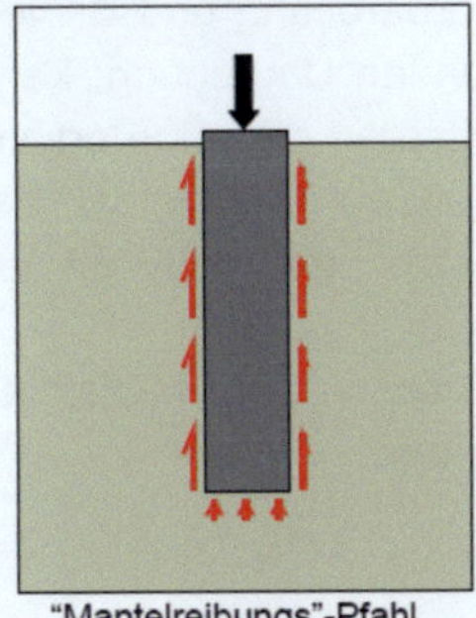
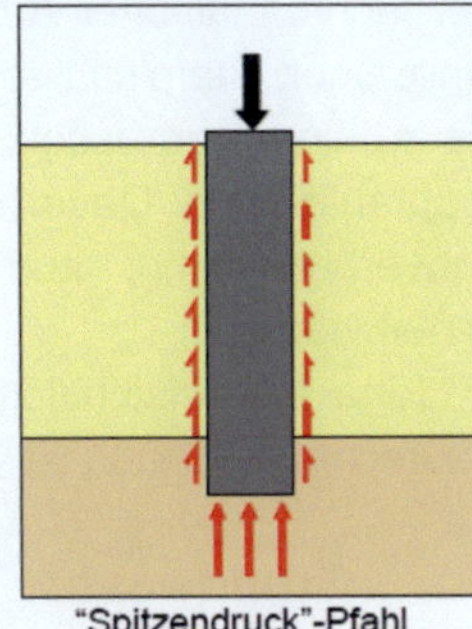

Abb. 1: Mantelreibung-/ Spitzendruck-Pfahl

1.2 Baugrundverbesserungen

Zu denjenigen gründungstechnischen Maßnahmen, die sich insbesondere durch ihre Wirtschaftlichkeit auszeichnen, gehört die Baugrundverbesserung mit

"

Abb. 2:   Baugrundverbesserung ROB - Pfahl

ihren verschiedenen Varianten. Die Vorteile dieser Technik im Vergleich zu anderen Gründungsmaßnahmen wie Tiefgründungen (Pfähle) und Bodenersatzverfahren liegen auf der Hand:

- KEIN AUSHUB, somit keine Umweltbelastung durch aufwendige Transporte und Deponien
- KEINE GRUNDWASSERABSENKUNG, somit keine Genehmigungs- und Einleitungsprobleme sowie keine Gefährdung umliegender Bauwerke
- EINFACHE GRÜNDUNGSVERHÄLTNISSE, wie bei natürlichen Böden mit ausreichender Tragfähigkeit.

Bei fachmännischer Arbeitsvorbereitung und Bewertung einer chemisch angreifenden Umgebung, kann bis zu einem gewissen Angriffsgrad die erforderliche Tragfähig- und Dauerhaftigkeit auch mit einer Bodenverbesserung, zum Beispiel mit ROB-Säulen erzielt werden.

Eine bauaufsichtliche Zulassung vom Institut für Bautechnik in Berlin ist vorhanden.

2   Grundwasser / Boden

Die betonangreifende Wirkung von Wasser oder Boden ist nach DIN 4030 zu beurteilen. Dabei wird bei Wasser vorausgesetzt, dass es in großer Menge ansteht, sein Gehalt an angreifenden Bestandteilen sich laufend erneuern kann und infolgedessen seine betonangreifende Wirkung durch Reaktion mit dem Beton nicht gemindert wird. Für die Porenlösung des Bodens gilt in gleicher Weise als Voraussetzung, dass sich der Gehalt an angreifenden Stoffen in dieser Lösung aus dem Boden laufend erneuern kann und ihre betonangreifende Wirkung durch die Reaktion mit dem Beton nicht gemindert wird. Unter diesen Voraussetzungen hängt der Grad des chemischen Angriffs von Wasser und Boden auf Beton von der Konzentration der angreifenden Bestandteile des Wassers bzw. des Bodens ab. Andererseits hängt der Grad der Wirkung von Wasser oder Boden auf Beton auch vom chemischen Widerstand des Betons ab. Es ist demnach möglich, den Auswirkungen eines chemischen Angriffs innerhalb bestimmter Grenzen dadurch zu begegnen, dass der chemische Widerstand des Betons entsprechend angehoben wird [1].

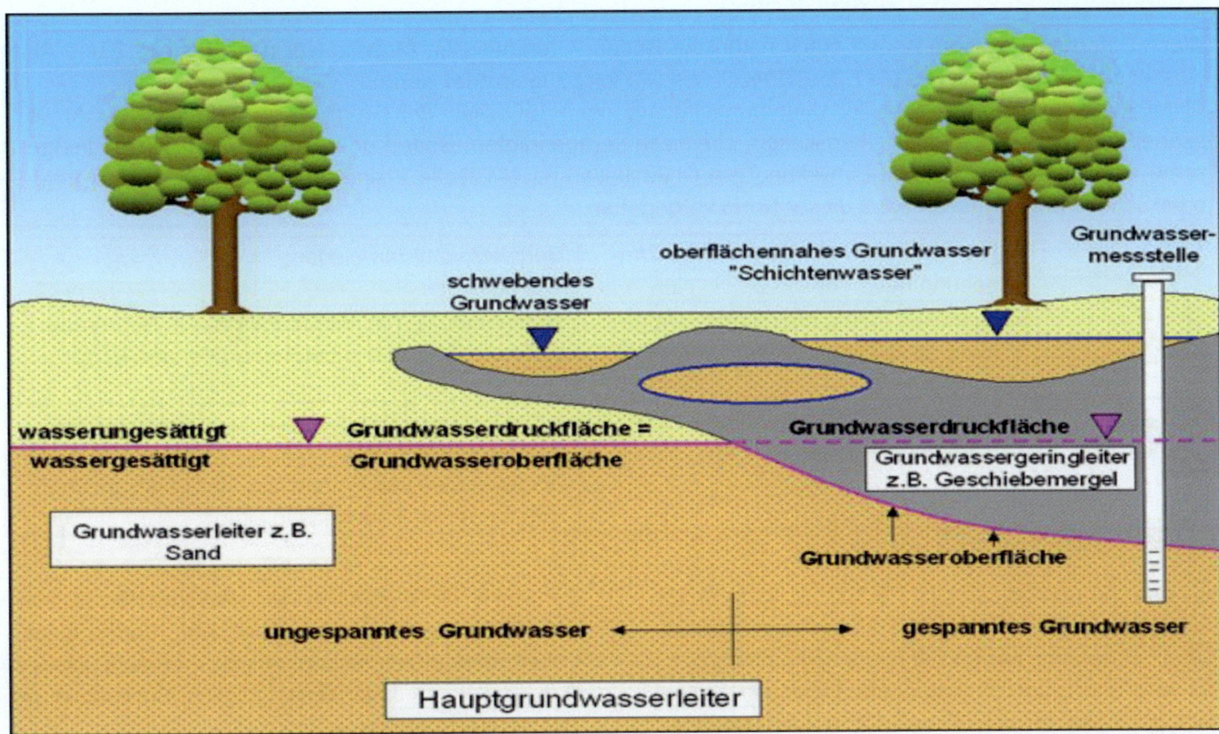

Abb. 3: Übersicht Grundwasserverhältnisse

Besonders die „Erneuerung" der angreifenden Bestandteile, sowie die Durchlässigkeit des Bodens sind für die Bewertung des konkreten Angriffs äußerst maßgebend. Die Vorgabe des DIN FB 100 [2], den Angriffsgrad nach Tabelle 1 um eine Stufe zu erhöhen, wenn zwei oder mehr angreifende Stoffe im oberen Viertel des jeweiligen Bereichs, beim pH-Wert im unteren Viertel liegen, ist weitgehend bekannt. Eine Abschwächung des Angriffsgrads ist bei der Einwirkung von Grundwasser auf Beton dann zu erwarten, wenn eine geringe Durchlässigkeit des Bodens ein schnelles Erneuern der angreifenden Bestandteile erschwert. Nach DIN 4030 ist das der Fall, wenn der Durchlässigkeitsbeiwert k eines Bodens kleiner ist als 10^{-5} m/s. Untersuchungen von W. Rechenberg und E. Siebel haben jedoch gezeigt, dass mit einer Minderung des chemischen Angriffs in dichtem Boden bereits bei einem Durchlässigkeitsbeiwert k von 10^{-4} m/s zu rechnen ist.

Da die Festlegungen der DIN 4030 offenbar auf der „sicheren Seite" liegen, erscheint es im Einzelfall vertretbar, den Angriffsgrad eines Wassers um eine Stufe zu mindern, wenn der Durchlässigkeitsbeiwert k des Bodens deutlich geringer ist als 10^{-4} m/s. Bei noch geringeren Durchlässigkeitsbeiwerten k unter 10^{-5} m/s übernehmen die an den Beton angrenzenden Bodenschichten zunehmend eine abdichtende Funktion gegenüber dem chemisch angreifenden Wasser.

Die Einteilung in die Klassen XA1, XA2 und XA3 nach Tabelle 1 [2] gilt für natürliche Böden und Grundwasser mit einer Wasser-/Boden-Temperatur zwischen 5°C und 25°C und einer Fließgeschwindigkeit des Wassers, die klein genug ist, um näherungsweise hydrostatische Bedingungen anzunehmen [3].

---

6 Betonkorrosion durch chemischen Angriff

Wenn Beton chemischem Angriff durch natürliche Böden, Grundwasser, Meerwasser nach Tabelle 2 und Abwasser ausgesetzt ist, muss die Expositionsklasse wie folgt zugeordnet werden:

ANMERKUNG: Bei XA3 und unter Umgebungsbedingungen außerhalb der Grenzen von Tabelle 2, bei Anwesenheit anderer angreifender Chemikalien, chemisch verunreinigtem Boden oder Wasser, bei hoher Fließgeschwindigkeit von Wasser und Einwirkung von Chemikalien nach Tabelle 2 sind Anforderungen an den Beton oder Schutzmaßnahmen in 5.3.2 dieser Norm vorgegeben.

XA1	chemisch schwach angreifende Umgebung nach Tabelle 2	Behälter von Kläranlagen; Güllebehälter
XA2	chemisch mäßig angreifende Umgebung nach Tabelle 2 und Meeresbauwerke	Betonbauteile, die mit Meerwasser in Berührung kommen; Bauteile in betonangreifenden Böden
XA3	chemisch stark angreifende Umgebung nach Tabelle 2	Industrieabwasseranlagen mit chemisch angreifenden Abwässern; Gärfuttersilos und Futtertische der Landwirtschaft; Kühltürme mit Rauchgasableitung

Abb. 4:   Tabelle 1 aus DIN FB 100

Nach den Vorgaben des DIN FB 100 [2], kann Beton bis zu der Expositionsklasse XA2 ohne zusätzliche Schutzmaßnahme hergestellt und eingebaut werden. Bei XA3 und unter Umgebungsbedingungen außerhalb der Grenzen von Tabelle 2, bei Anwesenheit anderer angreifender Chemikalien, chemisch verunreinigtem Boden oder Wasser, bei hoher Fließgeschwindigkeit von Wasser und Einwirkung von Chemikalien nach Tabelle 2 (DIN FB 100) sind Anforderungen an den Beton oder Schutzmaßnahmen in 5.3.2. des DIN FB 100 vorgegeben. Ggf. kann ein unabhängiger Gutachter die Bewertung des Angriffsgrads anpassen.

3 Schutzmaßnahmen

3.1 Opferschichten

Eine bewährte und klassische Schutzmaßnahme um eine erhöhte Widerstandsfähigkeit des Betons gegenüber lösende und treibende Angriffe zu erhalten, ist die Anwendung einer Opferschicht. Tiefgründungen durch Herstellung von Ortbetonpfählen werden nicht mit der üblichen Betondeckung nach DIN EN 1536 [4] mit ≥ 60 mm angesetzt, sonder liegen z. T. bis zu 50 mm über den normativen Anforderungen. D. h. Betondeckungen von ≥ 100 mm sind in der Baupraxis nicht unüblich. Ein wesentliches Bemessungskriterium wie die Mantelreibung, darf in diesen Fällen rechnerisch nicht in Ansatz gebracht werden. D. h. diese Variante lässt lediglich Bohrpfähle mit Spitzendruckbemessung zu.

Für die konkrete Festlegung der Opferschichtstärke, ist vorzugsweise ein erfahrener Gutachter mit einzuschalten.

Je nach Dauerhaftigkeitsbemessung, Angriffsgrad und Angriffsart kann bei Bedarf durch einen unabhängigen Sachverständigen, wie z. B. Prof. Schießl eine Berechnung der Abtragstiefe von Beton durchgeführt werden.

Der zeitliche Verlauf der Betonkorrosion kann über einen rechnerischen Ansatz abgeschätzt werden, dass am Centrum Baustoffe und Materialprüfung (cbm) der Technischen Universität München entwickelt wurde [5] und [6]. In Abbildung 5 sehen Sie beispielsweise die Verteilung der Porosität zweier unterschiedliche Betone im Alter von 28 Tagen und nach einer Angriffsdauer von 5 Jahren über die Tiefe (Auszug aus einem Projektgutachten Prof. Schießl).

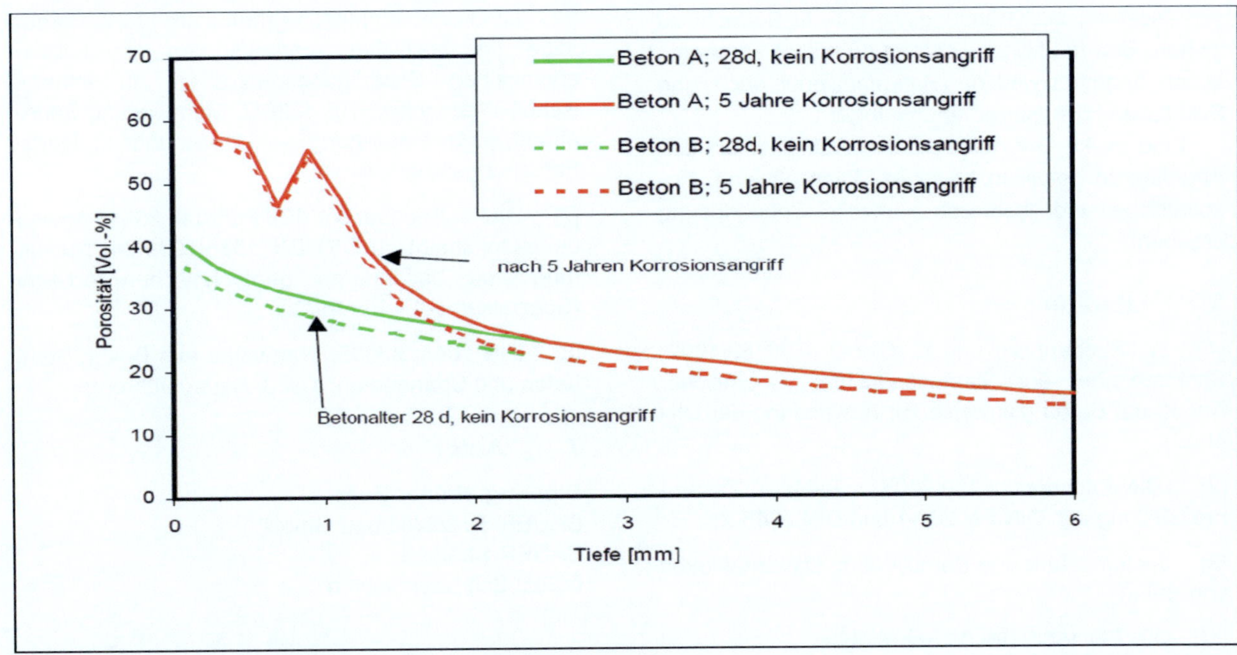

Abb. 5: Porosität von Beton bei starkem Ammoniumangriff

3.2 Hüllrohrummantelung

Bei tiefen Bohrpfahlgründungen mit sehr stark schwankenden Bodenprofilen, kann der chemisch Angriff (lösend oder treibend) auch nur in bestimmten Teilbereichen, wie z. B. in stark durchlässigen Kiesschichten auftreten.

Um bei diesen Besonderheiten die Zusatzmaßnahmen zur Erhöhung des chemischen Widerstands etwas einzuschränken, empfiehlt es sich Hüllrohre zu verwenden. Diese Art von Rohren können gezielt auf eine bestimmte Bewehrungslänge eingebaut werden und erhöhen somit die Resistenz gegenüber dem massiv angreifenden Medium. In allen übrigen Teilbereichen, ist es oft ausreichend eine sehr widerstandsfähigen Beton (Expositionsklasse XA3) zu verwenden.

Abb. 6: Hüllrohr als Schutzmaßnahme

4 Überwachung Bohrpfahlbeton

Für die Qualitätssicherung von Bohrpfahlbeton gilt grundsätzlich DIN EN 1536 [4] und DIN Fachbericht 129 [7].

Das unter Abs. 6.3.3. Probenentnahme und Prüfung [4] erwähnte Prüfprogramm wird durch die Ergänzungen des DIN Fachbericht 129 ersetzt.

Zitat: Ergänzend zu DIN 1045-3:2001-07 [8], Anhang A2, Absatz (1), erster Spiegelstrich erfolgt die Probennahme auf der Baustelle auch für Beton der Überwachungsklasse 1 (mindestens 3 Proben für höchstens 300 m³ bzw. 3 Betoniertage).

Abweichend von DIN 1045-3 [8] wird Unterwasserbeton im Spezialtiefbau nur dann in die Überwachungsklasse 2 eingeordnet, wenn zusätzlich mindestens eine der übrigen Bedingungen der ÜK 2 zutrifft.

Bei besonders hochwertigen Bohrpfahlbetonen mit sehr hohem Widerstand gegen chemische Angriffe (z. B. Expositionsklasse XA3) empfiehlt es sich zusätzlich zu einaxialen Druckfestigkeitsprüfungen auch WU-Prüfungen durchzuführen. Die erforderliche Wassereindringtiefe e in [mm] ist im Vorfeld mit allen Beteiligten festzulegen.

5 Schluss

Chemischer Angriff durch Grundwasser oder Böden sind stets mit höchster Sorgfalt und Genauigkeit zu betrachten. Bei der Beurteilung des Angriffsgrads in Zusammenhang mit der Dauerhaftigkeit ergeben sich zahlreiche Möglichkeiten für die Bemessung der Gründungskonstruktion. In vielen Bereichen des Spezialtiefbaus mit schwach chemisch angreifender Umgebung wäre es oft ausreichend, eine Baugrundverbesserung als Gründungsvariante in Betracht zu ziehen. Erst bei hohen Lasten und massiven chemischen Angriffen wird der Bohrpfahl oder auch eine Schlitzwand als „Barret" unumgänglich.

Eine exakte Beurteilung durch Gutachter die den Angriffsgrad detailliert bewerten, kann oft eine wirtschaftliche und technisch sinnvolle Sonderlösung ergeben.

6   Literatur

[1]   W. Rechenberg und E. Siebel (Heft 53/1992) Schriftenreihe der Zementindustrie; Chemischer Angriff auf Beton (Hinweise zur Anwendung der DIN 4030)

[2]   DIN-Fachbericht 100:2005 Beton, Zusammenstellung von DIN EN 206-1 und DIN 1045-2

[3]   Jochen Stark und Bernd Wicht; Dauerhaftigkeit von Beton

[4]   DIN EN 1536:199-06 Bohrpfähle

[5]   Beddoe,R.; Dorner, H.:Modeling Acid Attack on Concrete Part 1. The Essential Mechanisms. Cement and Concrete Research, 2005, p. 2333-2339

[6]   DFG Schwerpunktprogramm SP 11.22: Vorhersage des zeitlichen Verlaufs von physikalisch-chemischen Schädigungsprozessen an mineralischen Werkstoffen. BE 1228/2, Modellierung Säureangriff. (unter Beteiligung der TU München laufendes Forschungsprogramm).

[7]   DIN – Fachbericht 129:Februar 2005; Anwendungsdokument zu DIN EN 1536:1999-06, Ausführung von besonderen geotechnischen Arbeiten (Spezialtiefbau) – Bohrpfähle

[8]   DIN 1045-3:2008; Tragwerke aus Beton, Stahlbeton und Spannbeton; Teil 3: Bauausführung

7   Autor

Dipl.-Ing. Rainer Burg
BAUER Spezialtiefbau GmbH
BAUER-Straße 1
86529 Schrobenhausen

Biofilme und Beton – eine wechselvolle Beziehung

Ursula Obst

Zusammenfassung

Biofilme sind mikrobielle Lebensgemeinschaften, die sich bevorzugt auf Oberflächen jeglicher Materialien bilden und je nach Nährstoffversorgung geringere oder größere Filme und Beläge bilden. Biofilm-Gemeinschaften sind sehr anpassungsfähig und weisen eine extrem große Spannweite von Lebensräumen auf. Abwasser bietet Mikroorganismen und ihren Biofilm-Gemeinschaften einen optimalen Lebensraum, da die Nährstoffversorgung vergleichsweise günstig ist und genügend Oberflächen zur Besiedlung verfügbar sind. Unter guten Lebensbedingungen ist die Stoffwechselaktivität von Biofilmen hoch. Als Stoffwechselprodukte können aus dem Abbau und oxidativem Umbau schwefel- und stickstoffhaltiger organischer Abwasserinhaltsstoffe Säuren wie Salpetersäure, salpetrige Säure und Schwefelsäure entstehen. Bei längerem Kontakt können Betonoberflächen korrodiert werden, es entstehen Gipsanteile. Biofilme sind unvermeidbar; es können jedoch durch verfahrenstechnische und bauliche Maßnahmen Schäden minimiert oder vermieden werden.

1 Einführung

1.1 Biofilme

Biofilme werden von einer Vielzahl von Mikroorganismen bevorzugt auf Oberflächen gebildet [1]. Oberflächen bieten den Vorteil, fest verankerte Beläge ausbilden zu können, wobei die Mikroorganismen schleimartige Substanzen aus Polysacchariden, Proteinen und weiteren Makromolekülen ausscheiden, die dem Biofilm nicht nur Stabilität verleihen, sondern auch einen strukturierten Aufbau, der die Zusammenarbeit der Lebensgemeinschaft bezüglich Stoffwechsel vereinfacht.

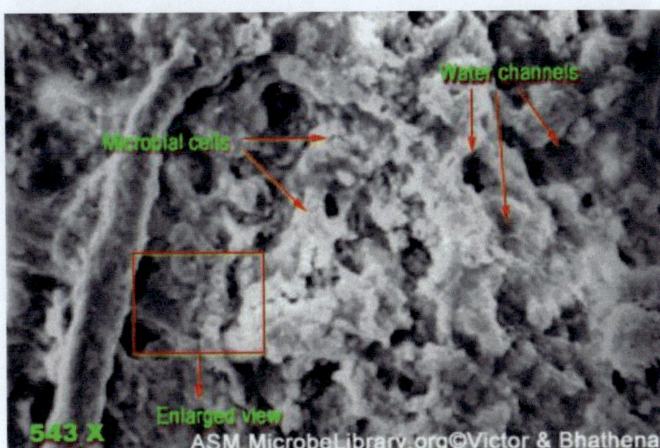

Abb. 1: Elektronenmikroskopische Aufnahme eines aquatischen Biofilms (Quelle: American Society for Microbiology)

Die sog. extrazellulären polymeren Substanzen (EPS) verhindern Austrocknung durch Wasserbindung, auch an extremen Standorten wie Fassaden oder Felsen, stellen einen Nährstoffspeicher für schlechte Zeiten dar und bilden Verbindungskanäle zwischen den verschiedenen mikrobiellen Arten oder ihren Kolonien, so dass Stoffwechselprodukte und Nährstoffe ausgetauscht werden können. Dies geschieht auch nicht zufällig, sondern von den Biofilm-Mikroorganismen gesteuert, indem sie über chemische Signalmoleküle kommunizieren. Durch den strukturierten Aufbau entwickeln sich Zonen unterschiedlicher Sauerstoffversorgung und Redoxpotentiale, wodurch Nährstoffe und Energie aerob, anoxisch und anaerob optimal ausgenutzt werden können.

Einen weiteren hohen Überlebensvorteil bieten die EPS den Biofilm-Mikroorganismen auch durch die Schutzwirkung der Schleimschicht. Chemische Biozide dringen nur schwer in den Biofilm ein und werden durch die chemische Zusammensetzung des Schleims und die verschiedenen Redox-Zonen bereits so verändert, dass sie ihre Wirkung auf die Mikroorganismen verlieren. Auch mechanische Entfernung eines gut ausgebildeten Biofilms erweist sich als schwierig, wenn nicht gar unmöglich, da der Biofilm durch speziell ausgebildete Adhäsionsmoleküle und die EPS fest auf der Aufwuchsfläche verankert ist. Eine nur teilweise Entfernung des Biofilms wird immer eine Wiederbesiedlung der Fläche über die Zeit nach sich ziehen, da sich die Mikroorganismen wieder vermehren.

Tab. 1: Spannweite der Existenz von Biofilmen (nach H.-C. Flemming, verändert)

Temperatur	-12°C bis +110°C
pH-Wert	0 bis 13
hydrostatischer Druck	0 bis 1400 bar
Redoxpotential	gesamter Bereich der Redoxstabilität von Wasser
Salzgehalt	0 bis gesättigt
Nährstoffgehalt	10 µg/L C_{org} bis gesättigt
Oberflächenmaterialien	Metall, Beton, Kunststoff, Glas,biologisches Material etc.
Strahlenbelastung	Direkt auf UV-Strahlern und bis 5000 Gray
Biozidkonzentration	>2 mg/L Chlor, direkte Desinfektionsmittellösung

1.2   Abwasser

Abwasser ist das durch häuslichen, gewerblichen, landwirtschaftlichen oder sonstigen Gebrauch in seinen Eigenschaften veränderte Wasser und das bei Trockenwetter damit zusammen abfließende Wasser (Schmutzwasser) sowie das von Niederschlägen aus dem Bereich von bebauten oder befestigten Flächen gesammelt abfließende Wasser (Niederschlagswasser). Die aus Anlagen zum Behandeln, Lagern und Ablagern von Abfällen austretenden und gesammelten Flüssigkeiten gelten ebenfalls als Schmutzwasser [2]. Entsprechend der Definition kann Abwasser alle aus der Umwelt und menschliches Handeln auftretenden Stoffe und Stoffverbindungen enthalten. Um die Vielzahl der möglicherweise auftretenden Stoffe planerisch und technisch behandeln zu können, wurden sog. operationelle Parameter eingeführt. Der Biochemische Sauerstoffbedarf (BSB) erfasst summarisch alle mikrobiell oxidativ abbaubaren organischen Inhaltsstoffe des Abwassers, da durch die durch den Abbau verursachte Sauerstoffzehrung das Wasser sauerstoffarm oder –frei werden und damit tödlich für alle Wassertiere und –pflanzen wäre. Analog wurde der Chemische Sauerstoffbedarf (CSB) definiert, der alle Abwasserinhaltsstoffe erfasst, die durch Sauerstoff oxidiert werden können. Naturgemäß ist der CSB eines Wassers dadurch höher als der BSB. Wichtige weitere Summenparameter sind die absetzbaren Stoffe, die die Trübung und mögliche Ausfällung eines Abwassers erfassen sowie Gesamtstickstoff- und Gesamtphosphorgehalt. Letztere sind wichtige Faktoren für das Massenwachstum von Algen und Wasserpflanzen (sog. Eutrophierung) und müssen daher in der Kläranlage weitgehend minimiert werden. Eine übergeordnete Bemessungsgröße ist der Einwohnergleichwert, der jegliches, auch industriel-

les Abwasser auf die Grundlage menschlicher Abwasserproduktion stellt. Er entspricht einem Wasserverbrauch von 200 L/d, einem BSB_5 von 60g/d, einem CSB von 120 g/d, einem TOC (gesamter organischer Kohlenstoff) von 40 g/d, Schwebstoffen von ca. 60 g/d, Stickstoff von 10 – 12 g/d, Phosphor von ca. 1,8 – 2,1 g/d. Neben diesen operationellen Bemessungsgrößen existiert eine Vielzahl von Stoffdaten, die Abwässer spezieller Herkunft oder Behandlungsweisen beschreiben. Abwasser gelangt bei geordneter Entsorgung vom Ort der Entstehung über ein mehr oder minder dicht verzweigtes Kanalnetz zu einer meist gemeinschaftlichen Kläranlage, die von einer Kommune oder einem Abwasserverband betrieben wird. Ausnahmen sind industrielle oder gewerbliche Abwasseraufbereitungsanlagen, die direkt dem Abwasserentstehungsort nachgeschaltet sind und dort bereits eine Teil- oder Gesamtreinigung vornehmen. Generell ist von einem durchmischten Abwasser unterschiedlicher Herkunft auszugehen, das durch das Kanalnetz in die Kläranlage geleitet wird.

2   Schäden durch Biofilme

Stoffwechselaktive Biofilme produzieren eine Vielzahl von Produkten, die in den Biofilm und die Umgebung abgegeben werden [1]. Die stoffliche Zusammensetzung dieser Produkte hängt von der chemischen Natur der verwendeten Nährstoffe und den Umgebungsbedingungen wie pH-Wert, Sauerstoffgehalt, Redoxpotential etc. ab. Als Teil des natürlichen mikrobiellen Stoffwechsels können dabei Mineralsäuren wie Salpeter- und Schwefelsäure oder organische Säuren wie Citronen- und Essigsäure ausgeschieden werden.

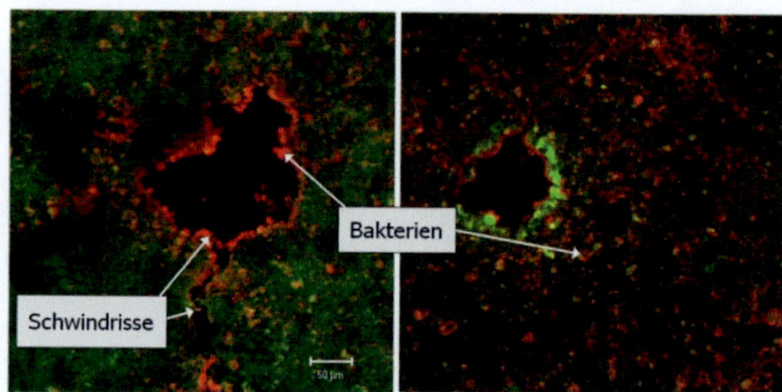

Abb. 2: Bakterien (rote Fluoreszenz) an Schwindrissen

Je nach Material, das die Biofilme als Aufwuchsfläche nutzen, können diese Säuren zu Korrosion und Materialzerstörung führen. Weitere Materialschäden können durch das Biofilmwachstum entstehen, indem Poren des Materials veblockt werden.

Auch Verfärbungen durch Ausscheidung von Stoffwechselprodukten oder durch Pigmentierung von

Biofilm-Mikroorganismen können an verschiedensten Materialien auftreten. Bei organischen Materialien, die mikrobiell abbaubare Inhaltsstoffe aufweisen, kann es auch zur Versprödung u.ä. kommen.

2.1 Schäden in der Kanalisation

Je nach Größe und Ausbau des Kanalnetzes kann die Aufenthaltsdauer des Abwassers Stunden bis Tage betragen. In dieser Zeit sind die chemischen und biologischen Stoffumwandlungen im Abwasser bereits beträchtlich. Da in gefüllten Kanälen von sauerstofffreien Bedingungen auszugehen ist, wird der Schwefel aus organischen schwefelhaltigen Molekülen, wie z.B. Proteinen, von Mikroorganismen im Abwasser zu Schwefelwasserstoff (H_2S) umgewandelt, der den typischen faule-Eier-Geruch von Abwässern verursacht. Hinzu können Sulfide aus gewerblichen Abwässern kommen, die ggf. auch zu H_2S umgewandelt werden können. Aufgrund des hohen Nährstoffgehalts und der hohen Mikroorganismenkonzentration im Abwasser bilden sich schnell Biofilme an den Innenwänden der Kanalrohre aus, die von den Abwasserinhaltsstoffen leben. Sind Kanäle nicht vollständig mit Abwasser gefüllt oder können durch Gefälle etc. sauerstoffhaltige Lufträume entstehen, siedeln sich schwefeloxidierende Bakterien in den Biofilmen an den feuchten Kanalwänden an. Diese Bakterien gewinnen Energie aus der Oxidation von Sulfiden oder elementarem Schwefel und produzieren in wässriger Umgebung schweflige Säuren oder Schwefelsäuren. Durch die Ausscheidung dieser Säuren aus dem Biofilm in die Umgebung, also auch auf die Betonfläche, auf dem der Biofilm verankert ist, wird die Korrosion von Beton induziert und führt zur Ausbildung von Gipsschichten [3].

2.2 Schäden im Klärwerk

Eine wesentliche Aufgabe der biologischen Klärprozesse stellt die Entnahme biologisch verwertbarer Inhaltsstoffe aus dem Abwasser dar. Dies geschieht sowohl durch oxidativen Abbau als auch durch biologische Flockung in Form von Belebtschlammflocken, einer speziellen Biofilmform, im sog. Belebungsbecken unter Sauerstoffatmosphäre. Der dabei entstehende Belebtschlamm wird im nachgeschalteten Absetz- oder Nachklärbecken abgezogen und zum Teil als Animpfmasse in die Belebung zurückgeführt und zum Teil in die anaerobe Schlammstabilisierung (Faulturm) geleitet. Hier werden unter strikt sauerstofffreien Bedingungen restlich verbliebene organische Abwasserinhaltsstoffe und Biomasse fermentativ abgebaut und letztendlich zu Kohlendioxid und Methan (Biogas) verstoffwechselt. Während der Fermentation entstehen organische Säuren, die als Ausgangsprodukt für weitere Umsetzungen bis zum Biogas dienen. Wird der gesamte Abbauprozess gestört, unterbrochen oder läuft baulich komparti-

mentiert ab, können sich diese Säuren ansammeln und zu Wandkorrosionen beitragen. Ein weiterer wichtiger Stoffwechselprozess der biologischen Abwasserreinigung ist die Elimination von Stickstoff aus Abwasser. Reduzierter Stickstoff wie Ammoniak ist u.a. toxisch für Fische, während oxidierter Stickstoff wie Nitrat einen wichtigen Pflanzennährstoff und damit einen Auslöser für Eutrophierung darstellt. Daher muss Stickstoff in der sog. 3. Reinigungsstufe mikrobiell zunächst von der reduzierten Form, die in Rohabwasser als Amin oder Ammonium vorliegt, zu Nitrat oxidiert werden (Nitrifikation) und nachfolgend wieder in der Denitrifikationsstufe zu gasförmigem Stickstoff reduziert werden, der das System Abwasser in die Luft verlässt. Die Nitrifikation erfolgt zweistufig in einem spezialisierten Biofilm unter Sauerstoffatmosphäre, während die Denitrifikation von einer Vielzahl von Mikroorganismen unter sauerstoffarmen bis –freien Bedingungen durchgeführt werden kann. Fehlt nach der Nitrifikation eine vollständige Denitrifikation, entsteht durch das freigesetzte Nitrit oder Nitrat im Abwasser salpetrige Säure oder Salpetersäure, die Betonkorrosion hervorruft.

2.3 Risikofaktoren

Die hauptsächlichen Risikofaktoren, die mikrobielle Betonkorrosion in abwasserführenden Bauteilen verursachen können, sind baulicher und verfahrenstechnischer Art. Sulfidhaltige Rohabwässer sind ubiquitär und dienen bei Anwesenheit von Luft, also Sauerstoff, in den Kanalrohren schwefeloxidierenden Mikroorganismen als Energiequelle. Geringe Teilfüllungen von Kanalrohren und Luftfüllungen in Übergabeschächten begünstigen die Ansiedlung und Stoffwechselaktivität Schwefelsäure-produzierender Biofilme [3]. Geringes Gefälle und generelle Stagnationszeiten fördern die mikrobielle Aktivität im Kanalnetz und damit an prekären Stellen auch die Schwefelsäureproduktion. In der Kläranlage selbst kann die unvollständige Stickstoffelimination, also Nitrifikation ohne nachfolgende vollständige Denitrifikation, zur Ansammlung von Nitrat und damit zu Salpetersäure mit nachfolgender Betonkorrosion führen [4]. Auch bei der anaeroben Schlammstabilisierung im Faulturm kann es lokal oder durch verfahrenstechnischen Störungen zur Konzentrierung von organischen Säuren und damit zu Materialkorrosionen kommen. Generell kann mechanische Belastung, auch intensive mechanische Reinigung von Betonbauteilen zum weiteren Materialabtrag beitragen [4]. Abwässer mit geringer Härte, sei es aus kalkarmen Gebieten oder durch hohen Regenwasseranteil, tragen durch ihre mangelnde Pufferkapazität ebenfalls zu säurebedingten Betonkorrosionen bei [4].

2.4 Vermeidungsstrategien

Biofilme, ob mit oder ohne Säureproduzenten lassen sich in nicht steriler Umgebung, wie es Abwasser darstellt, nicht vermeiden. Die Zusammensetzung eines Biofilms sowie die Stoffwechselaktivität und Entstehung bestimmter Produkte hängen vor allem von den Umweltbedingungen ab, in denen der Biofilm existiert. Auch die Zusammenstzung von Rohabwässern lässt sich nur sehr bedingt beeinflussen. Die oben aufgeführte Aufzählung von Risikofaktoren lassen jedoch bereits anwendbare Vermeidungsstrategien erkennen, die vor allem baulicher oder verfahrenstechnischer Natur sind.

Während sich im Kanalsystem sulfidhaltige Abwässer naturgemäß nur schwer vermeiden lassen, kann beim Bau auf die Vermeidung luftgefüllter Räume geachtet werden, so dass aerob lebende Schwefeloxidierer keine Chance zur Ansiedlung und Vermehrung bekommen [2]. Gleiches gilt für den Betrieb der Kanalisation, wo auf größtmögliche Füllung der Rohre und Minimierung von Aufenthaltszeiten geachtet werden sollte [2].

In der Kläranlage selbst sollte eine möglichst vollständige Denitrifikation angestrebt werden [3], was auch für die Einhaltung der Stickstoffgrenzwerte in den Vorfluter wesentlich ist. Nitrifikation ohne nachfolgende Denitrifikation wird immer Salpetersäure-Produktion zur Folge haben. Die vermehrte Ansammlung organischer Säuren ohne nachfolgenden Abbau zu Biogas im Faulturm ist nicht nur für das Baumaterial des Faulturms, sondern auch für den anaeroben Abbauprozess selbst von Nachteil und verfahrenstechnisch unbedingt zu vermeiden. Bei Abwässern mit geringer Pufferkapazität muss die Zumischung von Regenwasser genau überwacht werden, um ein weiteres Absinken der Wasserhärte zu vermeiden [3]. Allzu häufiges mechanisches Reinigen bereits angegriffener Betonflächen sollte vermieden werden [3]; Biofilmablagerungen mit EPS und anderen organischen Anteilen können solche Flächen auch gegen weiteren Abtrag schützen.

3 Literatur

[1] Flemming, H.-C., Wingender, J. (2001) Biofilme – die bevorzugte Lebensform der Bakterien: Flocken, Filme und Schlämme. Biologie in unserer Zeit, Bd. 31(3), S. 169–180

[2] Anonym (2009) Wasserhaushaltsgesetz (WHG) vom 31. Juli 2009. BGBl. I S. 2585

[3] Gutsch, A.-W. (2005) Betonkorrosion durch biogenen Schwefelsäureangriff. Vortrag bei „Bauen im Bestand", Braunschweig 06.09.2005

[4] Anonym (2010) Betonerosion in Biologiebecken von Abwasserreinigungsanlagen. cemsuisse Merkblatt MB 01

Gärfutter-Fahrsilos aus Stahlbeton – Randbedingungen für die Planung, Probleme durch chemischen Angriff

Josef Steiner

Zusammenfassung

Wände und Bodenplatten von Fahrsilos aus Beton werden durch die im Gärprozess von Futtermitteln entstehenden Gärsäfte mit ph-Werten von 4 ÷ 5 chemisch hoch beansprucht. Da säurebeständige Betone nicht existieren, müssen die Betonbauteile mit säurebeständigen und rissüberbrückenden Beschichtungen vor dem lösenden Angriff geschützt werden. Anhand eines Beispiels werden die Notwendigkeiten bei der Planung, der Ausführung und hinsichtlich der Wartung und Instandsetzung aufgezeigt.

1 Grundlagen, Begriffe

In der Landwirtschaft werden frisch geerntete Futtermittel wie Gras oder Mais mit der Methode des Silierens unter Luftabschluss durch Milchsäuregärung stabilisiert. Seit einiger Zeit wird im Zuge der Diskussion um die vermehrte Erzeugung von Energie aus nachwachsenden Rohstoffen Mais angebaut, siliert und in Biogasanlagen als Energiequelle eingesetzt.

Zur Silierung werden häufig sogenannte Fahrsilos aus Stahlbeton verwendet. Bei Fahrsilos handelt es sich i. d. R. um mehrzellige, trogartige Baukörper aus Fertigteil-Wandelementen und Ortbetonbodenplatten, die miteinander in unterschiedlicher Art und Weise biegesteif verbunden werden (Abb. 1).

Abb. 1: Fahrsilo mit Ortbetonbodenplatten und eingespannten Fertigteilwänden

Das zerkleinerte Siliergut wird in den beidseitig offenen Behältern von den Transportfahrzeugen abgekippt und mit Radladern oder Schleppern so verdichtet, dass der Sauerstoffgehalt im Siliergut möglichst gering ist. Zur Einleitung des Silierprozesses wird das Silagegut mit geeigneten Kunststofffolien luftdicht abgedeckt. Im Zuge des Gärprozesses werden Zucker und Stärke in Milchsäure und Essigsäure umgewandelt. Abhängig vom Feuchtegrad des Silierguts sammeln sich am Boden von Fahrsilos Silagesickersäfte an, die ebenso wie Jauche und Gülle den wassergefährdenden Stoffen zuzuordnen sind. Für den Umgang mit solchen Stoffen gelten aber die einschlägigen Bedingungen des Wasserhaushaltsgesetzes (WHG) [1]. Mit ph-Werten von 4 ÷ 5 zählen Gärsäfte außerdem zu den Medien mit starkem chemischem Angriff auf Beton.

2 Baurechtliche Anforderungen

Nach § 3 (1) der Musterbauordnung und der Landesbauordnungen [2] sind *„Bauliche Anlagen sowie Grundstücke, andere Anlagen und Einrichtungen im Sinne von § 1 Abs. 1, Satz 2 so anzuordnen und zu errichten, dass die öffentliche Sicherheit oder Ordnung, insbesondere Leben, Gesundheit oder die natürlichen Lebensgrundlagen, nicht bedroht werden und sie ihrem Zweck entsprechend ohne Missstände benutzbar sind.“* Dies bedeutet, dass bauliche Anlagen standsicher, gebrauchstauglich und dauerhaft sein müssen und dass sie den Anforderungen an den Umweltschutz genügen müssen.

Nach dem Anhang zu § 50 der LBO Baden-Württemberg Ziffer 4e sind „bauliche Anlagen, die der Aufsicht der Wasserbehörden oder der unteren Verwaltungsbehörden gemäß § 96, Abs. 1.b des Wassergesetzes für Baden-Württemberg unterliegen oder die Abfallentsorgungsanlagen sind, verfahrensfrei.“ Unter Ziffer 6f dieser Anlage werden „landwirtschaftliche Fahrsilos, Kompost- und ähnliche Anlagen“ konkret als verfahrensfrei genannt. Solche Anlagen müssen aber den örtlichen Bauvorschriften entsprechend ordentlich bei den zuständigen Baurechts- und Wasserbehörden angezeigt werden.

3 Wasserrechtliche Anforderungen

Das oben erwähnte Wasserhaushaltsgesetz (WHG) liegt in einer überarbeiteten Fassung vom 31.07.2009 vor und beschreibt in dieser Neufassung unter § 62 die Anforderungen an den Umgang mit wassergefährdenden Stoffen:

(1) Anlagen zum Lagern, Abfüllen, Herstellen und Behandeln wassergefährdender Stoffe sowie Anlagen zum Verwenden wassergefährdender Stoffe im Bereich der gewerblichen Wirtschaft und im Bereich öffentlicher Einrichtungen müssen so beschaffen sein und so errichtet, unterhalten, betrieben und stillgelegt werden, dass eine nachteilige Veränderung der Eigenschaften von Gewässern nicht zu besorgen ist. …

Für Anlagen zum Umschlagen wassergefährdender Stoffe sowie zum Lagern und Abfüllen von Jauche, Gülle und Silagesickersäften (JGS) sowie von vergleichbaren in der Landwirtschaft anfallenden Stoffen gilt Satz 1 entsprechend mit der Maßgabe, dass der bestmögliche Schutz der Gewässer vor nachteiligen Veränderungen ihrer Eigenschaften erreicht wird.

(2) Anlagen im Sinne des Absatzes 1 dürfen nur entsprechend den allgemein anerkannten Regeln der Technik beschaffen sein sowie errichtet, unterhalten, betrieben und stillgelegt werden."

§ 63, Eignungsfeststellung, besagt:

*(1) Anlagen zum Lagern, Abfüllen oder Umschlagen wassergefährdender Stoffe dürfen nur errichtet und betrieben werden, wenn ihre Eignung von der zuständigen Behörde festgestellt worden ist. Eine Eignungsfeststellung kann auch für Anlagenteile oder technische Schutzvorkehrungen erteilt werden.
…*

(2) Absatz 1 gilt nicht

1. für Anlagen zum Lagern und Abfüllen von Jauche, Gülle und Silagesickersäften sowie von vergleichbaren in der Landwirtschaft anfallenden Stoffen…

Die in diesen Formulierungen ausgedrückten Erleichterungen für bauliche Anlagen im landwirtschaftlichen Bereich enthalten in veränderter Form das früher so genannte Landwirtschaftsprivileg. Diese Erleichterungen drücken sich nur darin aus, dass auf eine Sekundärbarriere zum Auffangen evtl. austretender wassergefährdender Stoffe bei solchen Anlagen verzichtet werden kann. Die baulichen Anlagen selbst müssen so geplant, konstruiert, überwacht und regelmäßig überprüft werden, dass unter diesen Bedingungen der im WHG genannte bestmögliche Schutz der Gewässer vor nachteiligen Veränderungen ihrer Eigenschaften gewährleistet ist.

Nach den Landesbauordnungen, § 17, Bauprodukte dürfen

(1) Bauprodukte für die Errichtung baulicher Anlagen nur verwendet werden, wenn sie für den Verwendungszweck

1. von den nach Abs. 2 bekanntgemachten technischen Regeln nicht oder nicht wesentlich abwei-

chen (geregelte Bauprodukte) oder nach Abs. 3 zulässig sind und wenn sie aufgrund des Übereinstimmungsnachweises nach § 22 das Ü-Zeichen tragen.

Solche Bauprodukte sind in der Bauregelliste A durch das DIBt bekanntgemacht [3].

Ungeregelte Bauprodukte nach Abs. 2 dieser Vorschrift bedürfen einer

- *allgemeinen bauaufsichtlichen Zulassung oder*
- *eines allgemeinen bauaufsichtlichen Prüfzeugnisses oder*
- *einer Zustimmung im Einzelfall*

Entsprechendes gilt für Bauarten, die von technischen Baubestimmungen wesentlich abweichen oder für die es allgemein anerkannte Regeln der Technik nicht gibt.

Weitere Anforderungen beschreibt die „Verordnung über Anlagen zum Umgang mit wassergefährdenden Stoffen (VAUwS)" [4], die in einem Entwurf vom 24.11.2010 vorliegt, bundesweit gelten soll und die noch geltenden Anlagenvorordnungen (VAwS) der einzelnen Bundesländer ersetzen wird. Der Anhang 6 der künftigen VAUwS befasst sich konkret mit den Anforderungen an JGS-Anlagen. Nach 2. Allgemeine Anforderungen dürfen entsprechend 2.1

„nur Anlagen oder Anlagenteile verwendet werden, für die die baurechtlichen Verwendbarkeitsnachweise unter Berücksichtigung wasserrechtlicher Anforderungen vorliegen."

Außerdem müssen nach 2.1

„Anlagen so geplant und errichtet werden, beschaffen sein und betrieben werden, dass

a) wassergefährdende Stoffe nicht austreten können,

b) Undichtheiten aller Anlagenteile, die mit wassergefährdenden Stoffen in Berührung stehen, schnell und zuverlässig erkennbar sind,

c) austretende wassergefährdende Stoffe schnell und zuverlässig erkannt werden und

d) im Schadensfall anfallende Stoffe sowie Stoffe, die mit ausgetretenen wassergefährdenden Stoffen verunreinigt sein können, ordnungsgemäß und schadlos verwertet oder beseitigt werden."

Unter Ziffer 2.3 und 2.4 wird gefordert: *„JGS-Anlagen müssen flüssigkeitsundurchlässig, standsicher und gegen die zu erwartenden mechanischen, thermischen und chemischen Einflüsse hinreichend widerstandsfähig sein.*

Einwandige JGS-Lageranlagen für flüssige Stoffe müssen mit einem Leckageerkennungssystem ausgerüstet sein. Einwandige Rohrleitungen sind zulässig, soweit sie den technischen Regeln entsprechen."

In der Bauregelliste A Teil 1 werden unter Ziffer 15 *„Bauprodukte für ortsfest verwendete Anlagen zum Lagern, Abfüllen und Umschlagen von wassergefährdenden Stoffen"* aufgeführt. Unter 15.32 werden Anforderungen an Beton als Abdichtungsmittel für Auffangräume und für Auffangflächen genannt

[5]. Da die tragenden Bauteile von Fahrsilos in Betonbauweise oft unter Verwendung von vorgefertigten Bauteilen erstellt werden und derartige Bauteile in der Bauregelliste nicht genannt sind, ist zu erwarten, dass künftig dafür bauaufsichtliche Zulassungen erforderlich werden [6]. Damit reagiert der Gesetzgeber letztlich auf schlechte Erfahrungen mit Fahrsilos, die im Bereich des landwirtschaftlichen Bauens oft nicht von dafür zugelassenen Fachbetrieben und nicht mit der notwendigen Sorgfalt erstellt und auch nicht ordentlich überprüft und gewartet werden.

Bis zur Einführung der VAUwS ist streng nach den Regelungen in den einzelnen Bundesländern zu verfahren.

4 Bautechnische Vorschriften

Neben den einzelnen Teilen der DIN 1045 [7] bzw. künftig des EC2 [8] und der bereits genannten WHG-Richtlinie des DAfStb sind auch die in die Liste der Technischen Baubestimmungen aufgenommenen Teile 1 und 2 der DIN 11622 – *Bemessung, Ausführung, Beschaffenheit, allgemeine Anforderungen an Gärfuttersilos und Güllebehälter* – zu beachten [9]. DIN 11622-2 gilt nach Ziffer 1, Anwendungsbereich, *„für Gärfuttersilos und Güllebehälter nach DIN 11622-1 die aus Stahlbeton (Ortbeton), Stahlbetonfertigteilen, Betonformsteinen oder Betonschalungssteinen hergestellt werden."….*

Unter Ziffer 3 (2) Baustoffe, Bauteile und Bauausführung, wird erläutert, dass *„Silagesickersaft für Beton eine chemisch stark angreifende Umgebung nach DIN EN 2006-1 darstellt."*

Nach (3) *„sind Gärfuttersilos aus Stahlbeton und aus Stahlbetonfertigteilen der Expositionsklasse XA3 nach EN 2006-1 : 2001-7 zuzuordnen."* Nach (11) gilt *„auf der Innenseite von Gärfuttersilos und Güllebehältern für die Betondeckung der Bewehrung nach DIN 1045 die Expositionsklasse XC4. Unter Ziffer 4, Schutzmaßnahmen, wird ausgeführt:*

(1) Bei Gärfuttersilos sind die Innenflächen der Wände und des Bodens durch eine geeignete Beschichtung zu schützen. Auf diese Beschichtung darf verzichtet werden, wenn der Beton zusätzlich den Anforderungen an die Expositionsklasse XF4 nach DIN 1045-2 : 2001-7 entspricht."

Die Möglichkeit, auf Schutzmaßnahmen zu verzichten, ist hinsichtlich der negativen Auswirkungen eine weitreichende Veränderung gegenüber der Vorgängernorm DIN 11622 – 2 Ausgabe 1994 [10]. Der Verzicht auf Schutzmaßnahmen bei Säureangriff setzt das Vorhandensein eines säurebeständigen Betons voraus. Alle Erfahrungen und auch neue Forschungsergebnisse [11] zeigen aber, dass man zwar Betone mit erhöhtem Säurewiderstand, aber keine säurebeständigen Betone herstellen kann.

Nicht zuletzt auf die beschriebene Veränderung des Normeninhalts sind die zunehmend schlechten Erfahrungen mit der unbeschichteten Stahlbeton-

bauweise bei der Herstellung von Fahrsilos in den letzten Jahren zurückzuführen.

5 Betontechnologische Anforderungen

Bei der Planung von baulichen Anlagen wird im Allgemeinen einvernehmlich eine Mindestnutzungsdauer von 50 Jahren angestrebt. Bei Bauwerken für die Landwirtschaft wird dieses Ziel oft auf 30 Jahre reduziert. Für Beton-Bauwerke, die chemischem Angriff ausgesetzt sind, ist auch dies ein hoher Anspruch, der nur erfüllbar ist, wenn dem Gesichtspunkt erhöhter Dauerhaftigkeit in allen Phasen der Planung und der Ausführung, aber auch während der Nutzung durch die unerlässliche Wartung und Instandsetzung ausreichend Aufmerksamkeit geschenkt wird. In die aktuellen Normen für den konstruktiven Ingenieurbau ist der erhöhte Anspruch an die Dauerhaftigkeit durchgängig eingeflossen und zwar durch Berücksichtigung unterschiedlicher Expositionen.

Silagesickersäfte mit ph-Werten von 4 ÷ 5 stellen für Beton einen starken chemischen Angriff dar, dem man realistischer Weise unter Berücksichtigung der angestrebten Dauerhaftigkeit nur dadurch begegnen kann, dass der Beton mit einer säurebeständigen Beschichtung vor diesem Angriff geschützt wird.

Es existieren zwar neue Entwicklungen, die unter der Bezeichnung „Säureresistenter Beton" angeboten werden. Dennoch muss man im Allgemeinen damit rechnen, dass Säureangriff für Beton mit bestimmten Abtragsraten und mit einem entsprechenden schleichenden Verlust seiner Tragfähigkeit und dem Verlust des Schutzes der Bewehrung verbunden ist. Ein möglichst dichtes Betongefüge ist die Grundvoraussetzung für ein verlangsamtes Eindringen chemischer Substanzen in den Beton. Die Zugabe von Silikastaub und Flugasche in Verbindung mit einem möglichst geringen Zementgehalt und ein Wasser-/Bindemittelgehalt von ≤ 0,45 sind Voraussetzungen für geeignete Betone mit erhöhtem Widerstand gegen starken Säureangriff.

Die dazu gehörende Expositionsklasse XA3 fordert neben der Mindestbetondeckung von 40 mm und einer Betongüte C35/45 zusätzlich eine geeignete säurebeständige Beschichtung. Durch Einwirkung von Silagesickersäften wird der Beton von außen her schichtweise zerstört, weil Teile des Zementsteins gelöst werden. Der ph-Wert des angreifenden Mediums steigt im Zuge dieses chemischen Umwandlungsprozesses wieder an. Bei Gärfuttersilos wird jedoch immer wieder Silagesickersaft zugeführt, so dass der Prozess der schleichenden Betonzerstörung durch Umwandlung der angreifenden Medien nicht zur Ruhe kommt.

Die Notwendigkeit der erforderlichen Dichtheit des Betons und die Notwendigkeit einer wirksamen Beschichtung an den für die Standsicherheit maßgebenden Stellen der Konstruktion werden nachfolgend an einem Beispiel aufgezeigt.

6 Einsturz von Wandfertigteilplatten eines Fahrsilos

Der hier angesprochene mehrzellige Fahrsilo wurde 2007 für die Zwecke der Energiegewinnung durch Biogas errichtet und besteht aus vorgefertigten, in Ortbetonbodenplatten eingespannten Wandelementen von 3 m bzw. 4 m Höhe (Abb. 2).

Abb. 2: Fahrsilo, teilweise gefüllt

Die Bodenplatte wurde, soweit für die Standsicherheit der angeschütteten Wände erforderlich, in Stahlbeton C35/45, d = 30 cm hergestellt. Zwischen den Ortbetonbodenplatten wurde ein Asphaltboden verlegt.

Die 4 m hohen Wandfertigteile hatten, einer üblichen Bauweise entsprechend, in Höhe der Bodenplatte zur Durchführung der Plattenbewehrung Aussparungen, die in ihrer aufsummierten Breite ca. 50 % der Wandfertigteilbreite ausmachen. Am Kreuzungspunkt sind die Fertigteilwände 26 cm dick; die Fugen zwischen den einzelnen Wandteilen wurden mit Vergussmörtel geschlossen und mit Fugenvergussmaterial oberflächlich behandelt.

Aufgrund des Versatzes zwischen der in den Wandaussparungen verlegten Bodenplattenbewehrung und der zwischen diesen Aussparungen vertikal durchlaufenden Wandbewehrungen handelt es sich bei der biegesteifen Eckverbindung eher um eine aus dem Holzbau bekannte Keilzinkenverbindung (allerdings ohne Keilform) als eine Stahlbeton-Rahmenecke im üblichen Sinn.

Die Füllgutlasten wurden in Anlehnung an DIN 1055 – 6, Ausgabe März 2005 (Silolastnorm) [12] gewählt zu

$\gamma = 10$ kN/m³
$k_h = 0{,}50$ ($\triangleq$ Ruhedruckbeiwert für $\varphi = 30°$) und
Auflast durch Verdichtungsfahrzeug mit einem Gesamtgewicht von 14 to.

In der Berechnung wurde deutlich darauf hingewiesen, dass auf der Innenseite der Wände und auf der Oberfläche der Bodenplatte ein dauerhafter, säurebeständiger und rissüberbrückender Oberflächenschutz erforderlich ist.

Auf der Bodenplatte wurde eine zusätzliche Bitumendeckschicht aufgebracht, die Fuge zu den Innen- und den Außenwänden wurde mit Fugenvergussmaterial abgedichtet.

Nach Teilentleerungen wurde 2008 festgestellt, dass im Bereich der Innenwände Silagesaft vom vollen in den leeren Siloteil durchlief und im Bereich der Außenwände auch Silagesaft offensichtlich durch Betonierfugen bzw. durch Fugen zwischen den Wandplatten hindurch nach außen gelangt war.

Flickversuche an der bituminösen Deckschicht und am Fugenverguss brachten nicht den angestrebten Erfolg – der Fahrsilo war nicht dicht.

Abb. 3: Umgestürzte Wandfertigteile

Im Herbst 2010 sind schließlich zwei Außenwand-Fertigteile umgestürzt (Abb. 3) Die anschließende Schadenanalyse führte zu folgenden Erkenntnissen:

- Die Beschichtung der Wände (Silolack) war offensichtlich wirkungslos
- Innerhalb von weniger als 3 Jahren war an der Einspannstelle der Wände in die Bodenplatten der Beton durch die Sickersaft-Einwirkung teilweise beidseitig auf 5 cm Tiefe zerstört, obwohl die planmäßige Betonfestigkeit C35/45 durchaus erreicht war. Sowohl die inneren als auch die äußeren Wandbewehrungen waren durch Korrosionsabtrag geschädigt (Abb. 4).
- Die Schädigung des Bewehrungsstahls an den Wandinnenseiten und der gleichzeitige Verlust an innerem Hebelarm durch die Entfestigung des Betons in der Druckzone führten schließlich zur Einschnürung und zum Versagen der Bewehrung nach Erreichen der Fließgrenze aufgrund unplanmäßiger Überbeanspruchung (Abb. 5).
- Das Schadensbild legt den Schluss nahe, dass mit dem Versagen weiterer Bauteile gerechnet werden muss; eine Instandsetzung ist in Anbetracht der Vorschädigungen schwierig.

Abb. 4: Betonabtrag infolge Gärsaftangriffs auf der Wandaußenseite

- Der Schaden hat sich kurz nach der Einlagerung des Ernteguts ereignet. Dies ist gut nachvollziehbar, denn der größte, auf die Außenwände einwirkende Horizontaldruck entsteht nach der Einlagerung und der Verdichtung des Silierguts. Im Zuge der Austrocknung verfestigt sich das Siliergut zunehmend und bleibt beim Abstechen fast senkrecht stehen. Damit würde aber auch z. B. bei einer schädigungsbedingten Verformungszunahme der Außenwände der horizontale Druck auf die Wand aus dem Füllgut abnehmen.
- Ein Rissbreitennachweis nach DIN 1045 wurde erbracht. Die WHG-Richtlinie [5] wurde jedoch nicht beachtet.
- Infolge der Einschnürungen der Wandfertigteile in Höhe des Bodenplattenanschlusses ergeben sich dort besondere Beanspruchungszustände und Betonierfugen, die hinsichtlich der Dichtheit unter Last als kritisch zu bewerten sind und in den statischen Nachweisen nicht immer korrekt bearbeitet werden.
- Wandverformungen an den Einspannstellen führen zu vertikalen Spalten und horizontalen Rissen, in denen sich wieder Gärsäfte ansammeln können.

Abb. 5: Versagen der inneren Bewehrung an der Einspannstelle

7 Zusammenfassung, Konsequenzen

Bei der Herstellung baulicher Anlagen im landwirtschaftlichen Bereich wurde in der Vergangenheit das „Landwirtschaftsprivileg" vielfach so ausgelegt, dass z.B. Fahrsilos bei Zukauf vorgefertigter Teile mehr oder weniger in Eigenarbeit hergestellt wurden. Schäden und Einstürze an Fahrsilos und damit auch Verunreinigungen des Grundwassers sind keine Seltenheit. Umdenken tut Not, auch wenn man bedenkt, dass in den meisten Fällen die angestrebte erhöhte Dauerhaftigkeit und Langlebigkeit solcher Anlagen nicht erreichbar ist. Deshalb müssen alle geltenden bau- und wasserrechtlichen Vorschriften konsequent umgesetzt werden. Dies gilt nicht zuletzt auch für die Wartung, die Instandhaltung und die Abnahme- bzw. Wiederholungsprüfungen durch anerkannte Sachverständige.

Bei der bautechnischen Planung und der Ausführung von Fahrsilos in Betonbauweise sind die folgenden Aspekte besonders zu beachten:

- Silagesickersäfte mit ph-Werten von 4 bis 5 gelten als stark angreifend. Da säurebeständige Betone nicht existieren, sind die Betonbauteile durch säurebeständige, rissüberbrückende Beschichtungen zu schützen.
- Wegen der beim Befüllen und Entleeren kaum zu vermeidenden mechanischen Beanspruchungen der Betonoberflächen sind ggf. auch die Beschichtungen vor derartigen Verletzungen zu schützen.
- Im Hinblick auf die auch bei Bauten für die Landwirtschaft einzuhaltenden Dichtheitsanforderungen sei darauf hingewiesen, dass auch bei Fahrsilos die WHG-Richtlinie des DAfStb zu beachten ist.
- Nach DIN 11622 gilt für die Lastannahmen aus dem Füllgut DIN 1055-Teil 6 [12]. Falls noch nicht geschehen, sollten konkretere Vorgaben, insbesondere für die Ermittlung der Horizontaldrücke, erarbeitet werden.
- Die Vorgaben der in der statischen Berechnung vorausgesetzten Befüllhöhe sind auch in der Realität zu beachten.
- Dem Nachweis der biegesteifen Verbindung zwischen Fertigteilwänden und Ortbetonbodenplatten ist mehr Aufmerksamkeit als bisher zu schenken.
- Beim Betonieren der Bodenplatten ist darauf zu achten, dass im Bereich der Wandöffnungen keine Hohlräume verbleiben.
- Fugen sind Schwachstellen und bedürfen der Wartung. Bei der Planung und der Ausführung ist ihnen besondere Aufmerksamkeit zu schenken. Es dürfen nur für den Verwendungszweck bauaufsichtlich zugelassene Fugendichtstoffe verwendet werden.

- Zur Herstellung von Fahrsilos in Betonbauweise dürfen grundsätzlich nur geeignete und erfahrene Fachfirmen eingesetzt werden.
- Für die Betonbauteile von Fahrsilos kann der chemische Angriff durch Gärsäfte als sich ständig erneuernder Havariefall bezeichnet werden.
- Die Möglichkeit, entsprechend der aktuellen Fassung der DIN 11622-2 unter bestimmten Voraussetzungen auf eine säurebeständige Beschichtung zu verzichten, widerspricht dem Anspruch an erhöhte Dauerhaftigkeit und sollte aus der Norm wieder entfernt werden.
- Letztendlich sollten Fahrsilos in Betonbauweise auch konsequent durch Prüfingenieure bautechnisch geprüft werden.

8   Literatur

[1]   Bundesministerium für Justiz, Berlin Gesetz zur Ordnung des Wasserhaushalts (Wasserhaushaltsgesetz – WHG) vom 31.07.2009

[2]   z. B. Landesbauordnung B-W (LBO B-W) vom 05.03.2010

[3]   DIBt Berlin: Bauregelliste A Teil 1 – Ausgabe 2010/2

[4]   Bundesministerium für Justiz, Berlin Verordnung über Anlagen zum Umgang mit wassergefährdenden Stoffen (VAUwS) Entwurf (Stand 24.11.2010)

[5]   Deutscher Ausschuss für Stahlbeton, DAfStb: Richtlinie für Betonbau beim Umgang mit wassergefährdenden Stoffen, Ausgabe 10/2004

[6]   Westphal-Kay, B.: Dichtkonstruktionen für Anlagen zum Lagern und Abfüllen von Jauche, Gülle und Silagesickersäften. Tagungsband zu „Abdichtungen in LAU-Anlagen", DIBt-Treffpunkt, Berlin 2010

[7]   Deutsches Institut für Normung, DIN 1045-1 und 2, Tragwerke aus Beton, Stahlbeton und Spannbeton. Teil 1: Bemessung und Konstruktion, Ausgabe August 2008. Teil 2: Beton; Festlegung, Eigenschaften …, Anwendungsregeln zu DIN EN 206-1

[8]   DIN EN 1992 Eurocode 2: Bemessung und Konstruktion von Stahlbeton- und Spannbetontragwerken (Ausgabe 2010) DIN EN 1992-1-1/NA: 2010-12 Nationaler Anhang zu Eurocode 2 Teil 1-1.

[9]   Deutsches Institut für Normung: DIN 11622, Gärfuttersilos und Güllebehälter. Teil 1: Bemessung, Ausführung, Beschaffenheit; Allgemeine Anforderungen, Ausgabe Januar 2006. Teil 2: Bemessung, Ausführung, Beschaffenheit; Gärfuttersilos und Güllebehälter aus Stahlbeton, Stahlbetonfertigteilen, Betonformsteinen und Betonschalungssteinen, Ausgabe Juni 2004

[10]   Deutsches Institut für Normung DIN 11622 – Teil 2, Ausgabe 1994

[11]   König, A. et al: Beton für biogenen Säureangriff im Landwirtschaftsbau, in: Beton- und Stahlbetonbau 105 (2010), Heft 11, S. 714 ÷ 724

[12]   DIN 1055-6: Einwirkungen auf Tragwerke – Teil 6: Einwirkungen auf Silos und Flüssigkeitsbehälter

9   Autor

Dipl.-Ing. Josef Steiner
Partner der Ingenieurgruppe Bauen
Karlsruhe – Mannheim – Berlin – Freiburg
Beratender Ingenieur VBI
Prüfingenieur für Baustatik VPI
Ingenieurgruppe BAUEN
Besselstraße 16a
68219 Mannheim

Planung und Ausführung von Betonkonstruktionen in einer Raffinerie

Rudolf Dörr

Zusammenfassung

Beton wird beim Bau von im Wesentlichen in Freiaufstellung gebauten Anlagen in der Mineralölraffinerie Oberrhein (MIRO) als klassischer Baustoff für aufgehende Konstruktionen, Fundamente und Gründungen verwendet. Zunehmende Bedeutung hat qualifiziert hergestellter und eingebauter Beton jedoch für die Ausführung von Ableitflächen, Gruben und sekundären Rückhaltevolumen für als wassergefährdend eingestufte Flüssigkeiten, wie sie nahezu alle Produkte aus Mineralöl darstellen. Bei qualitativ hochwertiger Ausführung lassen sich allein mit Beton Konstruktionen erstellen, die das Schutzziel „Verhinderung von Kontamination mit wassergefährdenden Flüssigkeiten" erfüllen. Der Beitrag beschäftigt sich schwerpunktmäßig mit einem Einsatz von Beton als dichte Konstruktion bei raffinerieüblichen Produkten einschließlich der bei MIRO zugehörigen Kraftwerke. Fundamente, Gründungen und aufgehende Konstruktionen müssen dabei nicht gegen chemische Angriffe ausgelegt werden, da die Atmosphäre und der Boden im vorliegenden Fall nicht betonangreifend einzustufen sind.

1 Beton als Schutz gegen Kontamination von Grundwasser und Böden

1.1 Historie

Beton spielt in Raffinerien beim Gewässer- und Bodenschutz seit jeher eine bedeutende Rolle, da er gegen die üblichen Mineralölprodukte beständig ist und gegen die Eindringung von Flüssigkeiten dicht hergestellt werden kann. Verstärkt vor 20 bis 30 Jahren aufkommende Unsicherheiten im Hinblick auf die Dichtigkeit wurden im Jahr 1992 mit der Einführung der DAfStb-Richtlinie „Betonbauten beim Umgang mit wassergefährdenden Stoffen" weitgehend beseitigt. Viele bis dahin geführte Diskussionen, insbesondere mit Prüfinstanzen, wichen einer sachlichen Diskussion. Langwierige Prüfungen zum Abdichtungsverhalten und Beständigkeit z. B. gegen neue Produkte, die zum Nachweis im Einzelfall durchgeführt werden mussten, konnten entfallen. Dadurch wurden Planungen terminsicherer. Auf Basis der Richtlinie wurden bei MIRO seitdem Standards geschaffen, die eine sichere Anwendung von Betonen ohne zusätzliche Maßnahmen bei den vorkommenden Standardprodukten wie Kohlenwasserstoffen möglich machte. Dies schließt nicht aus, dass im Falle unbekannter Produkteigenschaften, Säuren oder Laugen Betone durch Beschichtungen, Folien oder andere Zusatzmaßnahmen verwendet werden müssen.

1.2 Betonkonstruktionen

Schutz gegen Kontamination ist bei MIRO sowohl in den Produktionsbereichen (HBV-Anlagen), allerdings auch in den Lägern und Verladeanlagen (LAU-Anlagen) erforderlich. Maßnahmen dagegen müssen deshalb in den Produktionsanlagen selbst, den Lägern sowie Nebenanlagen wie Pumpentassen und Verladeanlagen getroffen werden.

Je nach Aufgabenstellung können folgende Maßnahmen unterschieden werden:

- Ableitflächen und zugehörige Betonrinnen in Produktionsanlagen einschließlich der Waschplätze für die Reinigung von Anlagenteilen (s. Abb. 1)
- Freistehende Pumpentassen im Tanklager (s. Abb. 2 und Abb. 3)
- Schächte und Gruben für tiefliegende Behälter
- Betonplatten auf Tankwällen (s. Abb. 4)
- Abwasserschächte der Kanalisation für ölhaltige Abwässer
- Beton als Auffangtasse mit zusätzlichen Schutzmaßnahmen (s. Abb. 5)

Abb. 1:   Ableitfläche in Beton auf einem Waschplatz

Abb. 2:   Offene Pumpentasse im Tankfeld

Abb. 3:   Lagerbehälter für Additive mit Pumpen

Abb. 4:   Betonplatten auf Tankwällen

Abb. 5:   Säurefeste Auskleidung mit Keramikfliesen

1.3   Ableitung der Abwässer

Alle Maßnahmen zum Auffangen und Ableiten der Abwässer können nur zusammen mit dem Abwassersystem der MIRO betrachtet werden, dass eigens für kohlenwasserstoffhaltige Abwässer ausgelegt ist und diese in die werkseigene Abwasseranlage leitet. Damit entfällt in vielen Bereichen die Erfordernis zur Vorhaltung von Rückhaltevolumen. Bei der Dimensionierung wird auch das Schluckvermögen der Einläufe im Fall der Beaufschlagung mit Löschwasser berücksichtigt. Alle Ableitflächen der Produktionsanlagen, die Waschplätze und die freistehenden Pumpentassen sind direkt an diese Leitungen angeschlossen, so dass ein Aufstauen von Wasser und damit die Gefahr eines Übertretens auf unbefestigtes Gelände verhindert werden.

Schächte und Gruben sind zwar gegen Eindringen von Oberflächenwasser geschützt, können aber i. d. R. über eingebaute Pumpen in das Kanalisationssystem entwässert werden.

Die Tanktassen sind ebenfalls an diese Abwasseranlagen angeschlossen. Da deren Oberfläche wegen der als Sperrmedium eingebauten Lehmschicht jedoch feucht gehalten werden muss und die Funktion als 2. Dichtungsebene haben, werden sie nur im Bedarfsfall, z. B. nach Starkregen o. ä. entwässert.

1.4 Umfang der Rückhalteanlagen

Bei MIRO summieren sich diese Maßnahmen zu den nachfolgend gezeigten Größenordnungen

- 80000 m^2 Ableitflächen mit etwa 90000 m Fugen
- 4 Waschplätzen mit insgesamt 6000 m^2 Fläche
- 80 Pumpentassen unterschiedlicher Größe
- Wallabdichtungen an 60 Tankhöfen mit etwa 18000 m Fugen
- 15 Gruben und Schächte
- 2 TKW- und 2 Bahnverladungen mit Abfüllplätzen

1.5 Planung der Maßnahmen bei Neubauten

Bei der Planung von Projekten wird immer eine mehrstufige Sicherheitstechnische Prüfung (STP) durchgeführt, die Risiken herausarbeitet und in der entsprechende Gegenmaßnahmen zu ihrer Vermeidung festgelegt werden. Dazu zählen auch die Vermeidung der Verunreinigung von Grundwasser und Boden und die Festlegung von entsprechenden Gegenmaßnahmen. Mit in die Diskussion einbezogen werden auch die Anlagenplaner und Experten der jeweiligen Fachgebiete. Lassen die im Prozess vorhandenen Produkte unbehandelten Beton zu, wird dieser vorzugsweise eingesetzt. Denn neben der aus Beton bereits vorhandenen Tragkonstruktion sind die robuste Oberfläche und die leichte Reparierbarkeit der Betonflächen ein unbestreitbarer Vorteil gegenüber nahezu allen anderen Alternativen. Zudem wurden für Ableitflächen, Betonkanäle, Pumpentassen und Schächte Standards erarbeitet, die eine sofortige Umsetzung in die Ausführung ohne weitere detaillierte Planung ermöglichen. Gruben und Schächte sowie Maßnahmen der Tanklastwagen- und Kesselwagenverladung werden detailliert entsprechend den auftretenden Belastungen geplant.

Im Rahmen der Entwicklung des Standards für Ableitflächen, außer den Waschplätzen, wurden zum Beispiel folgende Randbedingungen einbezogen:

- Bettungszahl im Boden ausgehend von einem Verdichtungsgrad
- Belastung ausschließlich durch Gabelstapler (25 kN) als Verkehrslast
- Ungleichmäßige Temperaturbelastung
- Trennung von Fundamenten
- nur untergeordnete Abstützungen für Rohrleitungen möglich auf den Flächen
- Aufkantungen für Löschwasserrückhaltung in Abhängigkeit des Schluckvermögens der Einläufe

1.6 Bauausführung und Qualitätssicherung

Der Bau dieser Konstruktionen erfordert zur Sicherstellung einer langen schadensfreier Lebensdauer eine intensive Bauüberwachung und Qualitätssicherung, begleitet von einer auch später nachvollziehbaren Dokumentation. Diese wird bei Abnahme durch die entsprechenden Gutachter nachgewiesen. Inhalte dieser Dokumentation sind insbesondere:

- Ergebnisse von Lastplattenversuchen als Abnahme des Baugrunds bzw. Unterbaus
- Bewehrungsabnahme
- Unterlagen über Betonprüfungen (Überwachte Baustelle) einschließlich der Lieferscheine
- Dokumentation des Fugeneinbaus (Material, äußere Bedingungen)
- Nachweis der WHG-Zulassung der am Bau Beteiligten

1.7 Inspektion und Prüfungen

Alle WHG- und VawS-Flächen unterliegen einem mehrstufigen Inspektionsprozess:

- Routinebegehungen des Produktionspersonals, bei denen größere Schäden erkannt werden
- Jährliche Begehungen zur Eigenüberwachung der MIRO-Bauabteilung in den Verladeanlagen
- Begehungen der MIRO-Bauabteilung in den Prozess- und Lageranlagen
- Prüfung des WHG-Gutachters in den Lageranlagen
- Prüfung des VAwS-Gutachters in den Prozessanlagen

Abweichungen vom Sollzustand werden im Rahmen der routinemäßigen Instandhaltung umgehend repariert.

1.8 Instandhaltung

Schwachpunkt und Instandhaltungsschwerpunkt aller Dichtflächen sind eindeutig die Fugendichtmassen, die einem Alterungsprozess unterliegen. Betonbauteile mit Baujahr etwa ab 1985 müssen nur selten repariert werden; gelegentlich kommt es hier zu Rissen, die nachgearbeitet werden. Betonkonstruktionen vor dieser Zeit erleiden häufiger Risse auf Grund mangelhafter Bewehrungsführung und ausführungstechnischer Schwachpunkte

2 Beton für Fundamente und Gründungen

Der Einsatz von Beton für Fundamente und Gründungen orientiert sich am Stand der Technik. Sie werden auf der Basis der Anforderungen aus der Anlagenplanung und der Baugrundsituation ausgeführt. Auch hier sind Konstruktionen jüngeren Datums weitgehend ohne Schäden, insbesondere auch durch chemische Angriffe, da in den Böden keine aggressiven Bestandteile vorkommen. Auch die mangelnde Betondeckung der Bewehrung führt nur sehr selten zu Schäden, da auch wegen der massiven Bauweise eine ausreichende Betondeckung eingehalten werden konnte.

3 Beton für aufgehende Konstruktionen

Aufgehende Konstruktionen in Beton sind in der MIRO selten geworden. Vergleichbar große Betongerüste, wie das Gerüst der Top-Destillation 3 oder das gemeinsame Gerüst von Reaktor/Regenerator in der FCC, wurden in den letzten 30 Jahren nicht mehr gebaut. Lediglich Luftkühlerbühnen, die als Fertigteilkonstruktionen ausgeführt werden, wurden noch erstellt, da sie wirtschaftlich und in entsprechend kurzen Zeiträumen gebaut werden konnten Damit konnte über die Betondeckung gleichzeitig der erforderliche Brandschutz sichergestellt werden.

Am Standort der MIRO müssen keine besonderen chemischen Angriffe unterstellt werden. Auch hier gibt es an neueren Bauwerken nur geringfügige Schäden; im Gegensatz dazu finden sich häufiger Schäden bei den Konstruktionen aus den Anfängen der Raffinerie in den 60er Jahren. Mangelnde Betondeckung macht gelegentliche Betonsanierungen erforderlich, die Standsicherheit ist jedoch auf Grund sorgfältiger Qualitätssicherung gewährleistet.

4 Ausblick

Die vorliegenden langjährigen Erfahrungen mit raffinerietypischen Produkten in einem Umfeld wie bei der MIRO lässt erwarten, dass die Betonkonstruktionen langfristig gegen chemische Einwirkungen sicher sind; dies trifft umso mehr zu, als Konstruktionen jüngeren Datums auch unter dem Einfluss des neuen Vorschriftenwerks im Hinblick auf die Haltbarkeit noch weniger anfällig sein werden.

Der Einfluss neuer Produkte, z. B. Bioethanol auf den Beton kann sicherlich zum heutigen Zeitpunkt noch nicht sicher vorausgesagt werden. Da aber diese Produkte auf den Beton erst als 2. Dichtungsebene treffen, Schadensfälle nur äußerst selten auftreten und die ausgetretenen Produkte schnell aufgefangen werden können, werden sich Auswirkungen auf den Bestand erst nach Ablauf längerer Zeiträume zeigen.

Beton dürfte bei richtiger Wahl der Zusammensetzung bis dahin in Raffinerien der Baustoff bleiben, der den dort auftretenden Produkten einen völlig ausreichenden Widerstand gegen Eindringen und Beständigkeit entgegenbringt.

5 Autor

Dr. Rudolf Dörr
MiRO Mineralölraffinerie Oberrhein GmbH & Co. KG
Nördliche Raffineriestr. 1
76187 Karlsruhe

Landwirtschaftliches Bauen –
Chemische Angriffe bei landwirtschaftlichen Betonbauten

Thomas Bose

Zusammenfassung

Die Landwirtschaft bietet vielfältige Anwendungen für Beton. Böden, Gülleanlagen, Gärfutterlagerstätten und Biogasanlagen mit den unterschiedlichsten Nutzungen und Beanspruchungen erfordern ganz spezielle Eigenschaften der dort angewendeten Betone. Es gilt Anforderungen und Einwirkungen richtig einzustufen, die daraus resultierenden Grenzwerte einzuhalten und die geplante Qualität im Objekt umzusetzen. Ziel ist ein Betonbauwerk, das für die geplante Nutzungsdauer den Einwirkungen aus Umwelt und Betrieb standhält.

1 Allgemeines

Landwirtschaftliche Regelwerke beziehen meist beim Beton das europäische Normenwerk für den Betonbau mit ein. DIN EN 206-1 [1] / DIN 1045 [2] beinhalten Regelungen für die Dauerhaftigkeit, die einen im Vergleich mit der Standsicherheit gleichrangigen Status besitzen. Ein Aspekt der Dauerhaftigkeit betrifft die Planung eines ausreichend hohen Widerstandes des Betonbauwerks gegen einen chemischen Angriff, wenn dieser im Nutzungszeitraum absehbar wird.

Abb. 1: Dauerhaftigkeitskonzept
nach EN 206-1 / DIN 1045

Die Berücksichtigung des chemischen Angriffs kann für die „üblichen" Angriffsformen mit Hilfe der DIN 4030 [3] und DIN 1045 in die Expositionsklassen XA (XA1 – XA3) eingestuft werden.

Landwirtschaftliche Regelwerke wie die DIN 11622 [4] stufen Bauwerke meist pauschal in zugehörige Expositionsklassen ein. In diesem Zusammenhang sollten folgende Fragen beachtet werden:

- Sind die Einstufungen sinnvoll?
- Ist die Betonnorm zutreffend?
- Welchen Einfluss hat die Nutzungsdauer?
- Sind Abminderungen sinnvoll?
- ...

In der Systematik der Betonnorm dient die DIN 4030 zur „Beurteilung des chemischen Angriffes". Sie nennt Grenzwerte zugehörig zu den Expositionsklassen XA (Tabelle 1). Die maßgebliche Beurteilung der chemischen Angriffssituation unter Berücksichtigung aller hemmenden und fördernden Kriterien sollte jedoch individuell durch einen Fachmann erfolgen.

2 Einflussgrößen

2.1 Nutzungsdauer

Bei Betonbauwerken geplant, bemessen und ausgeführt nach DIN EN 206-1 / DIN 1045 unter Berücksichtigung aller Einwirkungen und entsprechender Zuordnung in die richtigen Expositionsklassen wird von einer Nutzungsdauer von mindestens 50 Jahren ausgegangen. Dies setzt jedoch die Einhaltung der Anforderungen an Betonzusammensetzung, Rissbreite, Betoneinbau und Nachbehandlung voraus.

Die Nutzungsdauer von 50 Jahren bezieht sich jedoch gemäß DIN 1990 [5] und EN 206-1 (Abbildung 2) auf „übliche" Bauwerke des Hochbaus.

Abb. 2: Lebens- bzw. Nutzungsdauer

Abweichend zu EN 206-1 weisen landwirtschaftlich genutzte Bauwerke eine kürzere Nutzungsdauer von ca. 15-30 Jahren auf. Eine niedrigere Nutzungsdauer hat meist niedrigere Anforderungen zur Folge. Das Risiko von Abminderungen bei chemischen Angriffen wird in Abschnitt 2.2 erläutert

Hinweis: Die Festlegung von Expositionsklassen enthält keine Gewährleistungszusage über die entsprechende Nutzungsdauer. So machen z. B. Nutzungsänderungen während der Nutzungsphase eine Neubewertung erforderlich.

2.2 Chemischer Angriff auf Beton

2.2.1 Betonkorrosion durch lösende Angriffe

Bedingt durch den chemischen Aufbau des Betons können insbesondere der Zementstein von Säuren gelöst werden. Dies hat einen Abtrag an der Oberfläche und einen Festigkeitsverlust zur Folge. Unterschiedliche Schädigungstiefen zeigt Abbildung 3.

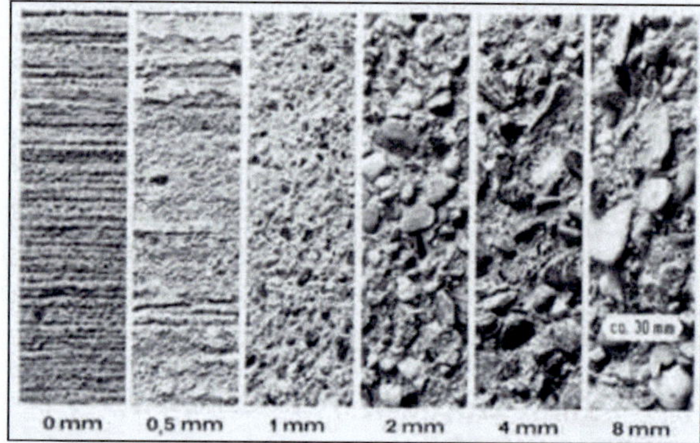

Abb. 3: Schädigungstiefen bei Betonoberflächen [6]

Da dieser Angriff von der Bauteiloberfläche aus erfolgt, hängt die Dauerhaftigkeit eines Bauteils davon ab, ob die Schädigungstiefe innerhalb der geplanten Nutzungsdauer kleiner bleibt als der angesetzte Grenzwert. Wobei die Gebrauchstauglichkeit (Nutzung, Reinigung...) insbesondere bei horizontalen Flächen schon deutlich früher eingeschränkt sein kann.

Tab. 1: Einflussgrößen auf Angriff und Widerstand bei Einwirkung v. Säuren auf Beton nach [6]

Der Angriff wird verstärkt durch:	Der Widerstand wir erhöht durch:
• steigende Säurekonzentration	• niedriger Anteil löslicher Bestandteile im Beton
• schnelle Erneuerung der sauren Lösung in der Grenzschicht Beton / Flüssigkeit	• Bildung einer dauerhaften Schutzschicht; Reaktionsprodukt mit niedrigem Diffusionskoeffizienten
• Abtragen der Schutzschicht	
• erhöhte Temperatur	• dichter Zementstein
• erhöhter Druck	• Nachbehandlung

Es gilt nun jeder Einwirkung (Angriff) den entsprechenden Widerstand gegenüber zu stellen (Abbildung 1).

Modellhaft kann angenommen werden, dass ein Abtrag durch Säure (unter stationären Bedingungen) dem √t - Gesetz folgt. Wird jedoch die Schutzschicht (Gelschicht aus Reaktionsprodukten mit niedrigem Diffusionskoeffizienten) entfernt, beginnt der zunächst starke Abtrag erneut (Abbildung 4).

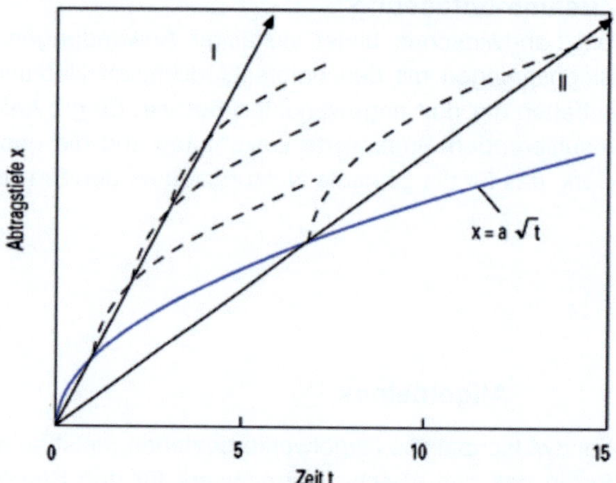

Abb. 4: Schematische Darstellung des Abtrags in Abhängigkeit von der Zeit. Ohne Entfernung der Gelschicht (Parabel x), mit häufiger Entfernung der Gelschicht (Gerade I), mit weniger häufiger Entfernung der Gelschicht (Gerade II) [6]

So kann z. B. ein Angriff aus Gärfuttersaft bei einem Fahrsiloboden durch das ständige Entfernen der Gelschicht aus der Nutzung (Entnahme, Oberflächenwasser) höhere Abtragsraten erzielen, als ein Angriff aus Kohlensäure bei stehendem Grundwasser an einem Klärbecken.

Dieser Zusammenhang beschreibt auch die Schwierigkeit Abtragsraten anhand der Nutzungsdauer festzulegen bzw. aufgrund niedrigerer Nutzungsdauern geringere Anforderungen zu stellen (Abbildung 5).

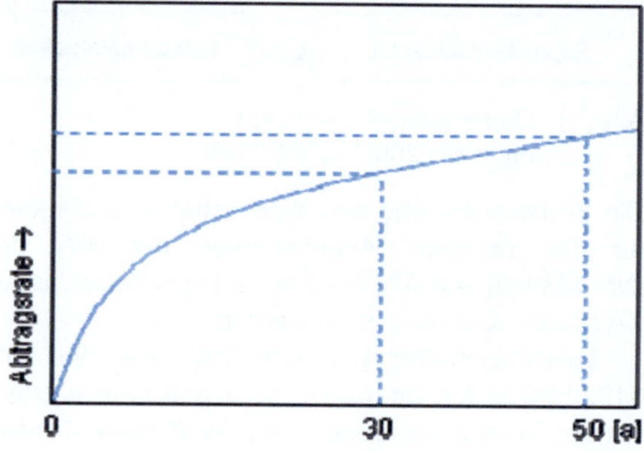

Abb. 5: Schematische Darstellung des Abtrags bei unterschiedlichen Nutzungsdauern

2.2.2 Einordnung

Für die Einordnung werden Boden- und Grundwasseranalysen nach DIN 4030 benötigt. Die Grenzwerte der Stoffe können je nach Angriffsgrad den Expositionsklassen XA (Tabelle 2) zugeordnet werden. Diese Vorgehensweise bezieht sich auf übliche sogenannte Umgebungsbedingungen aus Grundwasser und Boden. In vielen anderen Situationen wie in Bereichen der Industrie und der Landwirtschaft muss der Angriffsgrad anhand der Intensität und der Häufigkeit der Beaufschlagung bestimmt werden.

Tab. 2: Grenzwerte für die Expositionsklassen bei chemischem Angriff durch Grundwasser nach DIN 4030 (Auszug)

chemisches Merkmal	XA1	XA2	XA3
pH-Wert	6,5 ... 5,5	< 5,5 ... 4,5	< 4,5 und ≥ 4,0
Kalk lösende Kohlensäure (CO_2) [mg/l]	15 ... 40	> 40 ... 100	> 100 bis zur Sättigung
Ammonium [3] (NH_4^+)[mg/l]	15 ... 30	> 30 ... 60	> 60 ... 100
Magnesium (Mg^{2+}) [mg/l]	300 ... 1 000	> 1 000 ... 3 000	> 3 000 bis zur Sättigung
Sulfat [4] (SO_4^{2-}) [mg/l]	200 ... 600	> 600 ... 3 000	> 3 000 und ≤ 6 000

Grundsätzlich:

Feste trockene Stoffe greifen trockenen Beton im Allgemeinen nicht merkbar an.

Angriffe mit pH-Werten kleiner 4,0 sind in EN 206-1 und DIN 1045 nicht geregelt. Solch niedrige pH-Werte findet man jedoch in einigen Bereichen in der Landwirtschaft.

Tab. 3: pH-Werte nach Gärfutterart [7]

Gärfutterart	pH-Wert
Wiesengras 1. Schnitt	4,7
Wiesengras 2. Schnitt	4,7
Mähweide 1. Schnitt	4,7
Mähweide 2. und 3. Schnitt	4,9
Kleegras 1. Schnitt	4,6
Rübenblatt ohne Köpfe	4,5
Rübenblatt mit Köpfen	4,4[1]
Mais grün	4,2[1]
Mais milchreif	3,9[1]

1) Schutzüberzug nach DIN 4030 erforderlich
KTBL-Arbeitsblatt Nr. 1060/1996

2.3 Schutz

Bei Einwirkungen, die dem starken chemischen Angriff XA3 entsprechen, reicht der Widerstand im Beton alleine nicht mehr aus. Eine zusätzliche Schutzschicht muss die Betonrandzone vor dem unmittelbaren Kontakt mit dem angreifenden Medium bewahren.

Mögliche Schutzmaßnahmen bei XA3 bzw. bei chemischen Angriffen, die nicht in Normen geregelt sind:

- Anstriche, Beschichtungen und Oberflächenschutzsysteme nach DIN EN 1504 [8]
- Dichtungsbahnen aus Kunststoff
- Verkleidungen
- Auskleidungen (Behälter in Behälter)
- Ggf. Lehm / Tonschichten (Deponien)

Alternativ kann durch eine gutachterliche Stellungnahme nachgewiesen werden, dass durch die vorliegenden Randbedingungen es nicht erforderlich ist oder durch spezielle Kompensationsmaßnahmen die Dauerhaftigkeit sichergestellt wird:

- Opferschicht (Abschätzung des zeitlichen Schädigungsverlaufs – Abtragsrate)
- Monitoring (Kontrolle des Verlaufs)
- Spezielle Betone (dichte Betone mit hohem Säurewiderstand)
- …

Nachfolgend sind in der Tabelle 4 Beispiele zusammengestellt, welche Stoffe zu einem Angriff führen können:

Tab. 4: Beispiele für betonangreifende Stoffe
(in Anlehnung an Grübl/Weigler/Karl mit Ergänzungen und Kommentaren) [9] / [10]:

Substanz	Wirkung auf Beton	Teil 1/2
Abgase aus Feuerungsanlagen (Rauchgase)	Schwefeldioxide und Stickstoffoxide, die bei Kondensation zu Schwefel- und Salzsäure werden können (betonangreifende Stäube möglich) → starker Angriff	
Abwasser, Grubenwasser	Angriff durch Sulfate, Schwefelwasserstoff, Säuren möglich. Ggf. analysieren. Bei geschlossenen Rohren, Schächten, Behältern entsteht im Luft-/Gasraum z.T. Angriff durch Schwefelwasserstoff → Schwefelsäureangriff, Beschichtung ggf. erforderlich. Anm.: Industrieabwässer aus Zellstoffwerken, Galvanisierung, Beizereien enthalten oft auch Sulfate neben den Mineralsäuren	
Aluminiumchlorid und Magnesiumchloride	→ starker Angriff, fördert Stahlkorrosion durch Cl^--Ionen; Salze mit austauschfähigen Kationen, die durch Ca ersetzt werden; die Calciumchloride sind wiederum wasserlöslich; der chemische Angriff wird im Laufe der Zeit gehemmt.	
Aluminium(hydrogen)sulfate, -nitrate, phosphate	angreifend für Beton und Stahl	
Ammoniakgas	kann feuchten Beton langsam angreifen, fördert Stahlkorrosion in gerissenem Beton	
Benzin, Diesel, Heizöl	praktisch kein Angriff; Flüssigkeitsverlust durch Eindringen bei Benzin, Verfärbungen bei Diesel	
Calciumhydrogensulfit (Sulfitlauge, Papierherstellung)	starker Angriff	
Calciumchlorid	u.U. schwach angreifend, fördert Stahlkorrosion	
Calciumsulfat	Angreifend, wenn kein sulfatbeständiger Beton; Verwendung von HS-Zement je nach Sulfatkonzentration erforderlich	
Chlorgas	schwach angreifend auf feuchten Betonoberflächen; Salzsäureniederschlag → XA1	
Düngemittel (Ammoniumsulfat, -phosphat, Kalium- und Natriumnitrat)	zusammen mit Feuchtigkeit stark angreifend; bei Sulfatangriff HS-Zement erforderlich; treibender Angriff	
Ester, aliphatische (Weichmacher)	stark angreifend	
Enteisungsmittel, Flugplatzenteiser *heute überwiegend gebräuchlich:* Acetate (Salze der Essigsäure) (BE) Formiate (Salze der Ameisensäure) (BE) *seltener gebräuchlich:* Ethylenglycol (FE), Isopropanol, (BE) Harnstoffe (BE)	Bewegungsflächenenteiser (BE) und/oder Flugzeugenteiser (FE) Kalium-, Natriumacetate pH = 7,5 -10, Salzbelastung, Verschärfung Frostangriff schwach angreifend; verschärft Frostangriff Ammoniumangriff durch Harnstoff, verschärft Frostangriff	
Fette und Öle (tierisch, pflanzlich)	feste Fette schwach angreifend, flüssige Fette etwas stärker angreifend; je höher der Fettsäureanteil, desto höher Angriffsgrad	

Substanz	Wirkung auf Beton — Teil 2/2
Frigantin	Taumittel, verschärft Frostangriff
Fruchtsäfte	Säuren und Zucker wirken schwach bis mäßig angreifend, abhängig vom pH-Wert
Gärfutter Silage, Futtertische	je nach Art des Gärfutters pH-Werte zwischen 3,5 und 4,7 → stark betonangreifend durch Säureangriff; zusätzlicher Schutz erforderlich
Gülle, Dung, Mist, Jauche	schwach angreifend; trotz hoher Konzentrationen ist die Einordnung in XA1 erlaubt
Gips	Treibender Angriff zusammen mit Feuchtigkeit oder Wasser → XA3 + HS-Zement bei hohen Konzentrationen
Huminsäuren (z.B. Moorböden)	schwach angreifend Anteile von Huminstoffen in Böden: Ackerböden 1–2 %, Schwarzerde 2–7 %, Wiesen ca. 10 %, moorige Böden 10–20 %
Kaliumnitrat (Salpeter)	Angreifend; kann als natürliche Bodenausblühung vorkommen; wird in Düngemittelproduktion verwendet
Klärschlamm	kann Schwefelwasserstoff und andere betonangreifende Stoffe enthalten (Faulbehälter)
Kohlendioxid (Gas)	führt zur Karbonatisierung der Betonrandzone → Gefahr der Bewehrungskorrosion
Meerwasser	bei direktem Kontakt in XA2 einzuordnen; hoher Sulfat- und Magnesiumgehalt; gleichzeitig lösender und treibender Angriff; die Wirkung des Sulfatanteils wird im Meerwasser abgeschwächt
Methylacetat (Essigsäuremethylester)	sehr stark angreifend; wird in der Farb- und Lackproduktion sowie bei der Klebstoffherstellung verwendet
Mineralöle, Petroleum, Leichtöle	je nach Viskosität leichtes Eindringen in Beton; betonangreifend nur, wenn das Öl Fettsäuren enthält
Pyrit (Eisen(II)sulfid), Markasit im Boden	Angreifend, wenn Sulfatanteile enthalten; Oxidation bei Belüftung des Bodens zu Sulfat und Schwefelsäure
Salze	folgende Verbindungen sind betonangreifend: - alle löslichen Sulfate - Magnesiumsalze außer $MgCO_3$, - Ammoniumnitrat, -chlorid, -sulfit, -sulfat, -hydrogencarbonat, superphosphat
Säuren (z.B. Essigsäuren, Milch- Zitronen-, Salz-, Schwefelsäure usw.)	je nach pH-Wert nach DIN 4030 einzuordnen; konzentrierte Säure ist stark angreifend; lösender Angriff *starker Angriff*: Salz-, Schwefel-, Salpetersäuren *mäßiger Angriff*: Essig-, Fluß-, Milch-, Kohlensäure, schweflige Säure *schwacher Angriff*: Ameisen- ,Phosphor-, Humus-, Fettsäuren
Schwefelwasserstoff H_2S	schwach angreifend; kann aber in feuchter Umgebung zu Schwefelsäure oxidieren → sehr starker Angriff
Harnstoff, Urea	Schwach angreifend
Sehr weiche Wässer	schwach betonangreifend, wenn < 4 °dH Deutsche Härte; Auslaugung von $Ca(OH)_2$ Bsp.: Gebirgs- und Quellwasser, Regenwasser, destilliertes Wasser
Saure Wässer	Kalklösende Kohlensäure je nach Gehalt und saure Wässer je nach pH-Wert gar nicht bis sehr stark angreifend; Wasseranalyse und Einordnung des Angriffsgrades nach DIN 4030 Bsp.: saurer Regen mit pH-Werten von ca. 4; Bodenwässer und Moorwässer mit kalklösender Kohlensäure, Sulfaten und Huminsäuren, Brackwässer
Zuckerlösung	schwach angreifend

3 Nachbehandlung [11]

Druckfestigkeit allein garantiert keine Dauerhaftigkeit. Beton nach DIN EN 206-1 bzw. DIN 1045-2 muss auch dicht sein, denn je geringer die Porosität und die Permeabilität, also je dichter der Zementstein, desto höher ist auch der Widerstand gegen äußere Einflüsse. Deshalb ist eine früh einsetzende, ununterbrochene und ausreichend lange Nachbehandlung des Betons unerlässlich. Nur die Nachbehandlung sorgt dafür, dass der Beton gerade in den oberflächennahen Bereichen die aufgrund seiner Zusammensetzung gewünschten Eigenschaften auch tatsächlich erreicht. DIN 1045-3 [2] fordert die Nachbehandlung des Betons während der ersten Tage der Hydratation, „um das Frühschwinden gering zu halten, eine ausreichende Festigkeit, Dichtigkeit und Dauerhaftigkeit der Betonrandzone sicherzustellen, das Gefrieren zu verhindern und schädliche Erschütterungen, Stoß oder Beschädigung zu vermeiden".

3.1 Zweck der Nachbehandlung

Bis zur ausreichenden Erhärtung ist der frisch verarbeitete und junge Beton zu schützen gegen:

- vorzeitiges Austrocknen
- extreme Temperaturen
- schroffe Temperaturänderungen
- mechanische Beanspruchungen
- chemische Angriffe
- schädliche Erschütterungen.

Zusätzlich muss der noch frische Beton nicht geschalter, freiliegender Oberflächen gegen Regen geschützt werden. Schutz gegen vorzeitiges Austrocknen ist erforderlich, damit u.a. die Festigkeitsentwicklung des Betons nicht infolge Wasserentzugs gestört und seine Dauerhaftigkeit nicht beeinträchtigt wird. Die Folgen zu frühen Wasserverlustes sind: geringere Festigkeit an der Oberfläche, Neigung zum Absanden, größeres Wasseraufnahmevermögen, verminderte Witterungsbeständigkeit, geringere Widerstandsfähigkeit gegen chemische Angriffe, Entstehung von Früh-schwindrissen, erhöhte Gefahr späterer Schwindrissbildung.

Bei besonderen Anforderungen an die Dauerhaftigkeit, Dichtheit, mechanische bzw. chemische Beständigkeit der Bauteiloberflächen ist es ratsam, bei Auftragserteilung eine gegenüber DIN 1045-3 verlängerte Nachbehandlungsdauer zu vereinbaren (z. B. bei Abwasseranlagen, Auffangbauwerken, Lagerflächen, Becken und Behältern).

Wie wesentlich die Nachbehandlung für die Dichtheit des Betons bzw. Zementsteins ist, lässt sich aus Abbildung 6 ablesen. In dem Diagramm ist die Wasserdurchlässigkeit von Zementstein in Abhängigkeit vom Anteil der Kapillarporen im Zement-

stein aufgetragen und darunter der Zusammenhang zwischen Anteil der Kapillarporen, Wasserzementwert und Hydratationsgrad (der mit dem erreichten „Festigkeitsgrad" einhergeht) dargestellt. Es zeigt sich, dass bei vollständiger Hydratation (100 %) Beton mit einem Wasserzementwert von 0,70 weitaus wasserdurchlässiger (und damit auch weniger dicht) ist, als mit einem Wasserzementwert von 0,50. Das bedeutet aber auch, dass z.B. die Dichtigkeit der Betonrandzone eines Betons mit w/z = 0,50 (C30/37) mit einem Hydratationsgrad von 80 % die einem Beton mit w/z = 0,60 (C25/30) mit einem Hydratationsgrad von 100 % entspricht (Abbildung 3: gestrichelte Linie).

Da die Hydratation bzw. Festigkeitsentwicklung und Zunahme der Dichtheit der Betonoberfläche aber direkt von der Dauer des ausreichenden Wasserangebots an den Zement abhängt, wird deutlich, wie ausschlaggebend die Nachbehandlung für die Qualität und Dauerhaftigkeit von Betonoberflächen ist.

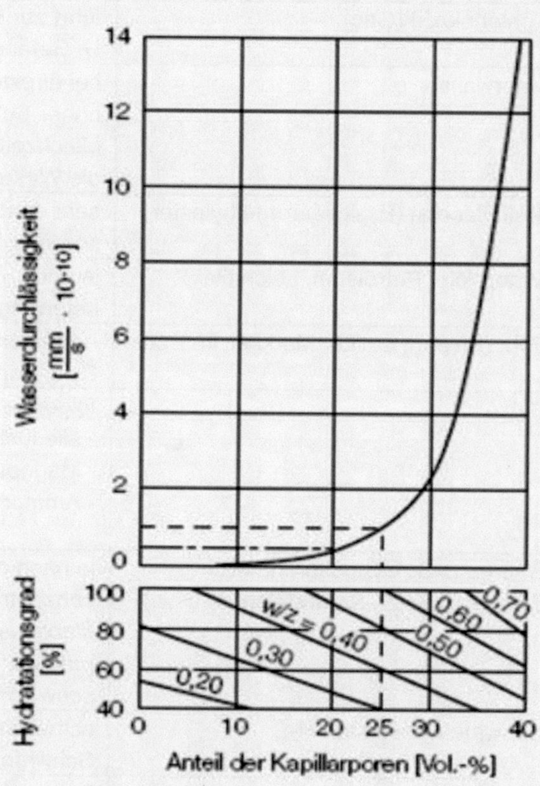

Abb. 6: Wasserdurchlässigkeit von Zementstein in Abhängigkeit von der Kapillarporosität und vom Wasserzementwert nach Powers [6]

3.2 Arten der Nachbehandlung

Schutzmaßnahmen gegen vorzeitiges Austrocknen sind:

- Belassen in der Schalung
- Abdecken mit Folien
- Auflegen wasserspeichernder Abdeckungen

- Aufbringen flüssiger Nachbehandlungsmittel
- kontinuierliches Besprühen mit Wasser
- Fluten
- Kombinationen dieser Verfahren

4 Bauwerke in der Landwirtschaft

4.1 Stallböden / Lagerplatten [12]

Böden und Lagerplatten aus Ortbeton sind durch ihre hohe Belastbarkeit, ihre umfassende Widerstandsfähigkeit gegen Einflüsse aus der Nutzung, die Möglichkeit der leichten Reinigung und nicht zuletzt durch ihre lange Lebensdauer zur Standardbauweise für Lagerhallen in der Landwirtschaft geworden. Der übliche Aufbau von Hallenböden aus Ortbeton besteht im Wesentlichen aus:

- dem Untergrund, homogen und verdichtet,
- der Tragschicht aus Kies oder Schotter und
- dem unbewehrten Betonboden.

Erst aus dem gemeinsamen Zusammenwirken dieser drei übereinander liegenden Schichten ergibt sich die einwandfreie und dauerhafte Funktionsfähigkeit eines Hallenbodens.

4.1.1 Beanspruchungen der Hallenböden

Lagerhallen in der Landwirtschaft dienen zur Lagerung von Erntegütern sowie der Vorratshaltung von Futter- oder Düngemitteln. Dabei werden die Fußböden durch hohe Einzellasten oder flächige Lasten beansprucht. Für den Zeitraum der Ernte bzw. der Abgabe/Entnahme kommen Belastungen aus dem Ladeverkehr mit Schleppern, Gabelstaplern oder Radladern hinzu. Ladeschaufeln, Stahlladegabeln oder das Kollern von Metallfässern sorgen für schleifende, schlagende oder stoßende Beanspruchung des Hallenbodens. Bei Lagerung und Verarbeitung von Flüssigkeiten oder feuchten Gütern (Düngemittel, Milch, Treibstoffe, Öle, Pflanzenschutzmittel) ist eine chemische Einwirkung von Laugen, Säuren oder Ölen auf den Beton des Hallenbodens möglich. Die Fußböden müssen darüber hinaus oft auch Belastungen aufnehmen, die aus der vielfältigen, mitunter wechselnden Nutzung der Lagerhallen in der Landwirtschaft herrühren können, wie zum Beispiel als Einstellplatz für Landmaschinen oder als Produktions- oder Verarbeitungsfläche von Erntegütern.

4.1.2 Anforderungen an den Beton

Für die Dauerhaftigkeit von Betonbauwerken sind in DIN EN 206-1 / DIN 1045 die Anforderungen an den Beton in Abhängigkeit von „Expositionsklassen" festgelegt. Unbewehrte Betonböden in Lagerhallen entsprechen demnach der Expositionsklasse X0 (ohne Angriff), bei Verschleißbeanspruchung XM und bei chemischem Angriff XA. Streng genommen gilt die DIN 1045 aber nur für tragende und aussteifende Betonböden. Obwohl die hier beschriebene Beton-

bodenkonstruktion nicht dazu zählt, ist eine Anlehnung an die Forderung der DIN 1045 sinnvoll. Beton der Festigkeitsklasse C25/30 ist für Betonböden mit geringen Belastungen und niedrigen mechanischen Beanspruchungen der Oberfläche ausreichend. Bei unbewehrten Lagerplatten ist ein niedriger Wasserzementwert zur Sicherung einer ausreichenden Biegezugfestigkeit des Betons unbedingt einzuhalten. Bei hohen Belastungen ist ein Beton C30/37 zu wählen. Für die Herstellung und Verarbeitung von Beton C30/37 ist bei Böden in Lagerhallen keine Fremdüberwachung (Überwachungsklasse 2) erforderlich, da es sich hier nicht um ein tragendes Bauteil im Sinne der DIN 1045 handelt.

Bei starken mechanischen Beanspruchungen der Betonoberfläche, die häufig in der Landwirtschaft zu erwarten sind, ist in Anlehnung an DIN 1045 ein Beton für mäßige bis sehr starke Verschleißbeanspruchung einzubauen. Entscheidend für die Widerstandsfähigkeit gegen mechanische Beanspruchung ist die Betongüte, die Festigkeit ihrer Gesteinskörnungen, deren Korngröße und ihr Grobkornanteil im Oberflächenbereich. Feinkörniger Beton oder Beton mit hohem Zementstein- bzw. Mörtelgehalt ist weniger beanspruchbar als Beton mit niedrigem Mörtelanteil und groben Gesteinskörnungen.

Aus betontechnologischer Sicht sind für die übrigen vorgenannten Beanspruchungen keine strengeren Anforderungen an den Beton zu stellen. Das heißt, Beton entsprechend den vorgenannten Angaben erfüllt auch die Anforderungen an den Beton aus den üblichen Lasteinwirkungen und widersteht auch schwachem chemischen Angriff XA1. In besonderen Fällen können Betonböden in Lagerhallen auch mäßigen (XA2) oder starken (XA3) chemischen Angriffen ausgesetzt sein. Beispiele hierfür sind Futtermittel (Getreide), denen zur Konservierung Propionsäure zugegeben wird (XA3), oder Düngemittel, für die im feuchten Zustand die Expositionsklassen XA1 (reiner Harnstoff) oder XA2 bis XA3 (ammonium-, sulfat-, nitrat- oder chloridhaltige Düngemittel) gelten. Bei den Expositionsklassen XA2 und XA3 ist die Betondruckfestigkeitsklasse C35/45 zu wählen. Weitere Anforderungen an den Beton betreffen den maximalen Wasserzementwert und den Mindestzementgehalt. Bei starkem chemischen Angriff (XA3) ist ein zusätzlicher Schutz des Betons (Beschichtung) erforderlich. Frost (Expositionsklasse XF1) kann auf die Bodenplatte aus Beton nur einwirken, wenn die Bodenplatte vor der Hallenmontage gegossen wird und während des Winters ungeschützt bleibt oder eine offene Halle geplant ist. In diesem Fall sind Gesteinskörnungen mit zusätzlichem Widerstand gegen Frost zu verwenden.

4.1.3 Oberflächenbehandlungen

Meistens wird die fertig bearbeitete Betonoberfläche ohne jede weitere Behandlung für die spätere Nutzung geeignet sein. Sind mechanische Beanspruchungen der Oberfläche, chemischer Angriff oder hygienische Anforderungen besonders hoch, ist eine Oberflächenbehandlung des Betons nötig.

Voraussetzung für eine Oberflächenbehandlung ist, dass der Beton ausreichend fest, sauber und trocken ist. Im Zweifelsfall muss die Abreißfestigkeit mit einem Haftprüfgerät ermittelt werden. Die erforderliche Haftzugfestigkeit ist abhängig vom Oberflächenschutzsystem. In der Regel werden 1,5 N/mm² gefordert. Die Haftzugfestigkeit ist keine „Liefergröße" des Betons, sie ist im hohen Maße von der Verarbeitung abhängig und wird bei horizontalen Flächen erst durch eine Bearbeitung (Fräsen, Kugelstrahlen) erreicht.

Bei einer Imprägnierung wird die Betonoberfläche mit Polymerisaten oder Reaktionsharzen so getränkt, dass die Porenräume der Betonoberfläche vollständig gefüllt werden. Imprägnierungen sind wirtschaftlich in der Herstellung, gestatten später eine einfache Reinigung des Betonbodens und erhöhen die Widerstandsfähigkeit der Oberfläche. Eine Versiegelung ist ein weiterer Anstrich auf einer imprägnierten Fläche. Durch die zusätzliche Schicht kann die Verschleißfestigkeit verbessert werden. Es wird das gleiche Material verwendet, wobei auch eine farbige Gestaltung möglich ist. Die Beschichtung ist eine Weiterführung der Versiegelung mit größeren Schichtdicken von 0,3 mm bis 5 mm. Sie kann erforderlich werden, wenn bei starkem chemischen Angriff der Beton dauerhaft geschützt werden muss oder wenn erhöhte mechanische Belastungen zu erwarten sind.

4.2 Güllebehälter / Güllegruben [13]

Nach dem Wasserhaushaltsgesetz (§ 62) ist Gülle ein wassergefährdender Stoff. Behälter zum Lagern und Abfüllen von Gülle müssen deshalb so beschaffen, betrieben und unterhalten werden, dass der bestmögliche Schutz (Privilegierung) des Grundwassers und der Gewässer vor Verunreinigungen oder ihrer Eigenschaften erreicht wird. Daraus folgt, dass Güllebehälter auf Dauer dicht sein müssen. Dies wird zum einen durch die Verwendung eines entsprechenden Betons (Beton mit erhöhtem Wassereindringwiderstand) einschließlich der konstruktiven Maßnahmen wie z.B. der entsprechenden Fugenausbildungen und Rissbreitenbegrenzung erfüllt, zum anderen durch eine ausreichende Tragfähigkeit bzw. Standfestigkeit der Behälter sowie die schadensfreie Aufnahme aller sich aus der Nutzung und Lage der Behälter ergebenden Lasten. Grundlegende Anforderungen hierzu sind in DIN 11622-2 und dem Merkblatt „Stahlbeton für Güllebehälter" [14] zusammengefasst.

Bedeutsam für die Praxis sind Schäden an der Betonoberfläche von Güllebehältern, die sich vorzugsweise an der Behälterinnenseite als Risse, flächige Abplatzungen, punktuelle Absprengungen oder Rostfahnen zeigen. Die nicht durch Erdreich abgedeckten Bauteile eines Güllebehälters sind der Witterung und damit im Winter einer Frost-Tauwechsel-Beanspruchung im durchfeuchteten Zustand ausgesetzt. Diese Beanspruchung ist im Bereich des Güllespiegels (sogenannte Wasserwechselzone) im Behälter besonders hoch. Beton von Güllebehältern unterliegt aufgrund seiner Nutzung und seiner Lage im Freien im Wesentlichen chemischen und physikalischen Einflüssen:

- chemischen Einwirkungen durch organische Säuren und Ammonium aus der Gülle, durch aggressives Grundwasser oder durch Alkalireaktion
- physikalischen Einwirkungen durch Frost-Tauwechsel.

Bewehrungskorrosion infolge Karbonatisierung des Betons ist zu beachten.

Die vorgenannten Einwirkungen erfordern daher für die Zusammensetzung des Betons die Berücksichtigung folgender Expositionsklassen:

- XA1: Betonkorrosion durch chemisch schwach angreifende Umgebung[1]
- XF3: Betonkorrosion bei hoher Wassersättigung des Betons[2]
- XC4: Bewehrungskorrosion bei wechselnd nassem und trockenen Beton

> [1] Unabhängig vom NH-Gehalt in der Gülle
> [2] Bezüglich Frostangriffs lässt die DIN 11622-2, im Beiblatt 1 im „Einzelfall" auch die Expositionsklasse XF 1 „Betonkorrosion bei mäßiger Wassersättigung" zu. Begründet wird dies durch den geringeren Frostangriff bei Gülle im Vergleich zu Wasser

Unter Beachtung der Alkali-Richtlinie des Deutschen Ausschusses für Stahlbeton [15] erfolgt zur Vermeidung einer schädigenden Alkali-Kieselsäure-Reaktion (AKR) die Einstufung in die Feuchtigkeitsklasse WA (Beton, der während der Nutzung häufig oder längere Zeit feucht ist und häufiger oder langzeitiger Alkalizufuhr von außen ausgesetzt ist).

Feuchtigkeitsklasse WA wird üblicherweise bei Abwasser- / Gülle berührten Bauteilen angesetzt.

Bei der Betonbestellung für den Bau von Güllebehältern muss zu den üblichen Angaben wie Expositionsklasse/n, Druckfertigkeitsklasse die Feuchtigkeitsklasse mit angegeben werden.

Bei abgedeckten Güllebehältern kann zusätzlich im Gasraum eine biogene Schwefelsäurekorrosion am Beton auftreten (siehe auch Abschnitt 4.4).

Zu den vorgenannten Beanspruchungen gehört ein entsprechend hergestellter und sorgfältig verarbeiteter und nachbehandelter Beton.

Tab. 5: Beton für Güllebehälter

	Expositions-klasse	Mindest-druckfestigkeits-klasse	Feuchtig-keits-klasse
DIN 1045-2/DIN EN 206-1/DIN 11622-2	XF3 XC4 XA1	C25/30 mit Luftporen (LP)	WA
		C35/45	
DIN 11622-2, Beiblatt	XF1[1] XC4 XA1	C25/30	WA

1) XF1 im Einzelfall möglich, nach DIN 11622-2, Beiblatt

Werden diese Vorgaben berücksichtigt, sind Anstriche oder eine Beschichtung des Betons überflüssig.

Die häufigste und zugleich bedeutsamste Schadensursache bei Güllebehältern aus Stahlbeton ist eine zu geringe Überdeckung der Bewehrung mit Beton. Die Ursachen für diesen Mangel sind vielfältig.

Typisch sind:

- zu geringe Vorgaben bei der Planung
- nicht eingehaltene Abmessungen bei den Bügeln für die Bewehrung
- unzureichende Fixierung der Bewehrung in der Schalung
- Einsatz ungeeigneter Abstandshalter
- fehlende oder zu wenige Abstandshalter
- nicht maßgerechte Aufstellung der Schalung.

Hinweis:
Güllebehälter in Ortbetonbauweise werden gemäß DIN 11622 in XC4 eingestuft. Dies entspricht nach DIN 1045-1 einem Nennmaß von 4,0 cm für die Betondeckung auf der Behälterinnen- und Behälteraußenseite. Entsprechend sind die Abstandshalter zwischen Schalung und Bewehrung auszuwählen.

4.3 Gärfuttersilos / Fahrsilos [16]

Gärfuttersilos sind ortsfeste Anlagen, in denen Gärfutter (Silage) hergestellt und gelagert wird. Sie bestehen aus langen, rechteckigen Bodenplatten mit Wänden an den Längsseiten.

Gärfuttersilos müssen nach Wasserhaushaltsgesetz (WHG) „so beschaffen sein, gebaut, unterhalten und betrieben werden, dass der bestmögliche Schutz (Privilegierung) der Gewässer vor Verunreinigung oder sonstiger nachteiliger Veränderung ihrer Eigenschaften erreicht wird". Sie müssen sicherstellen, dass anfallender Silagesickersaft nicht in Vorfluter,

Grundwasser, Boden oder die Kanalisation gelangt. Flachsilos werden chemisch durch Silagesickersäfte, mechanisch durch Schlepper und Schneidgeräte sowie physikalisch durch Frost beansprucht.

Gärfutter-Flachsilos sind in der DIN 11622 eingestuft in XA3 mit der Option auf Schutzsystemen zu verzichten (bei gleichzeitiger Anforderung aus XF4). Dies setzt beim Betrieb von Gärfuttersilos die gute fachliche Praxis bei der Futterkonservierung voraus, d. h. die wasser- und luftdichte Abdeckung des Futterstocks während des Gärprozesses. Die dichte Abdeckung ist eine Voraussetzung zur Erzielung hochwertiger Silagen zur Fütterung. Erfolgt bei Gärfuttersilos keine vollständige Abdeckung und kann Regenwasser in die Silage eindringen, so verschärft sich der chemische Angriff auf den Beton deutlich – der Angriffsgrad organischer Säuren steigt bei Verdünnung. In diesem Fall ist ein Schutz des Betons bzw. nach Einzelfallprüfung der Einsatz eines Betons mit erhöhtem Säurewiderstand erforderlich (Tabelle 5).

Zurzeit werden neue Betone mit einem erhöhten Säurewiderstand für solche landwirtschaftliche Anwendungen entwickelt [17]. Ziel ist es optimierte Betone, die unter anlagenspezifischen Bedingungen den Einwirkungen ohne Schutzsystem widerstehen. Diese Vorgehensweise hat sich schon bei Kühltürmen im Kraftwerksbereich etabliert.

4.4 Behälter in Biogasanlagen [18]

Die Nutzung erneuerbarer Energien gewinnt in Deutschland zunehmend an Bedeutung. Für Landwirtschaftsbetriebe stellt die Biogasproduktion verbunden mit der Erzeugung von Strom und Wärme eine zusätzliche Einkommensquelle dar.

4.4.1 Herkunft und Gewinnung von Biogas

Hauptbestandteil der zur Biogaserzeugung notwendigen Biomasse war bisher i. d. R. Gülle aus der landwirtschaftlichen Tierproduktion. Zunehmend werden speziell für die Biogaserzeugung angebaute nachwachsende Rohstoffe verwendet, kurz NawaRo genannt. Das kann z. B. „Energie"mais sein. Daneben können andere Reststoffe aus dem landwirtschaftlichen Betriebskreislauf, wie Festmist, Stroh, Rübenblatt, Gemüseabfälle oder Grüngut, eingesetzt werden. Die Mitvergärung anderer organischer Stoffe (Cofermentation), z. B. Reststoffe der Lebensmittelindustrie (Fette, Biertreber, Trester, Melasse, Bioabfall aus der Kommunalentsorgung), ist möglich [19]. Zu beachten sind verschiedene gesetzliche Rahmenbedingungen auf Bundes- und Landesebene bei der Genehmigung von Biogasanlagen.

4.4.2 Anwendungsbereiche für Beton

In Biogasanlagen kommt Beton vor allem im Behälterbau zum Einsatz:

- Vorlagerbehälter zum Sammeln von Gülle und zum Einmischen
- Biogasfermenter (Gärbehälter und Nachgärbehälter) mit Behälterdecke oder bei Gasspeicherung mit Folienabdeckung
- Lagerbehälter für vergorenes Substrat

Stahl- und Spannbetonbehälter in Ortbeton- und Betonfertigteilbauweisen eignen sich für alle Größen von Biogasanlagen bei den derzeit üblichen Verfahren (Speicher-Durchfluss-Anlagen, Speicheranlagen, Durchflussanlagen). Möglich sind sowohl Hoch- als auch Tiefbehälter. Als offene Vor- und Nachlagerbehälter eignen sich auch Hochbehälter aus Betonform- oder Betonschalungssteinen.

4.4.3 Biogasfermenter / Funktionshinweise

Die eigentliche Vergärung (Fermentation, Ausfaulung) erfolgt im Fermenter (Gärbehälter). Die mikrobiellen Abbauprozesse müssen unter Luftabschluss und ohne Lichteinfall stattfinden. Die Speicherung des entstehenden Biogases kann im Gasraum über dem Gärsubstrat erfolgen (gasdichte Folienabdeckungmit Unterkonstruktion) oder separat geschehen.

Der Temperaturbereich der Vergärung liegt bei 25 °C bis 55 °C (so genannte mesophile bzw. thermophile Anlagen). Zur Sicherung der Prozesstemperatur erhalten die Fermenter i .d. R. eine nagerfeste und feuchteunempfindliche Wärmedämmung (im Erdreich Perimeterdämmung) und eine Verkleidung. Werden im Gasbereich Wärmedämmungen im Behälterinneren angeordnet, müssen diese zusätzlich beständig gegen Säure- und Sulfatangriff sowie mikrobielle Einwirkungen sein.

Hinweis: Eine Perimeterdämmung stellt keine Schutzschicht im Sinne der DIN 4030 dar.

In die Bodenplatte oder Wände können Warmwassersysteme zur Aufheizung des Behälters integriert werden (eingelegte Heizschlangen).

Alternativ kommen Heizschlangen im Gärsubstrat (vor den Behälterwänden liegend) zum Einsatz.

4.4.4 Chemische Beanspruchung des Betons

Die landwirtschaftlichen Gärsubstrate und ihre Abbauprodukte stellen im flüssigkeitsberührten Bereich eine chemisch schwach angreifende Umgebung für Beton dar (Expositionsklasse XA1).

Werden zur Biogaserzeugung organische Stoffe eingesetzt, die ihren Ursprung außerhalb des landwirtschaftlichen Produktionskreislaufs haben, ist im Einzelfall über den Betonangriff zu entscheiden.

In den Ausgangsstoffen zur Biogaserzeugung können die als Bestandteil von Eiweißen (Proteinen) vorhandenen Aminosäuren eine wesentliche Quelle für Schwefelverbindungen sein. Gärsubstrate aus Mais oder Gras enthalten geringe Anteile an Proteinen.

Deutlich höhere Gehalte besitzen Rinder- und Schweinegülle und insbesondere Hühnermist. Bei NawaRos können Schwefeldüngungen zu deutlichen Erhöhungen der Schwefelanteile im Gärsubstrat führen. Das sich im Gasraum über dem Substrat bildende Biogas enthält Schwefelwasserstoff H_2S. Schwefelwasserstoff ist giftig und wird bei höherer Konzentration lebensgefährlich und explosiv. Die Bildung von Schwefelsäure und schwefliger Säure kann zur Korrosion nahezu aller Bau- und Werkstoffen führen.

Thiobakterien wandeln Schwefelverbindungen und Schwefel in Schwefelsäure um. Dies führt zu einem Säureangriff auf Beton, Zementmörtel und fast alle metallischen Werkstoffe. Bei höheren Temperaturen wird die Säurebildung darüber hinaus sehr stark beschleunigt.

Ausführliche Erläuterungen zu dem Thema Sulfide und zur Wirkungsweise der so genannten biogenen Schwefelsäurekorrosion enthält [20].

Im Sinne der Dauerhaftigkeit, Nutzung und der Betriebssicherheit ist eine Entschwefelung des Biogases daher unbedingt erforderlich.

Wenn die Entschwefelung im Gasraum unvollständig erfolgt oder bei ungleichmäßiger Verteilung des zugeführten Sauerstoffs im Gasraum geringe Mengen Sauerstoff im Gasraum verbleiben, muss mit einem starken chemischen Angriff auf den Beton im Gasraum gerechnet werden. Es können Sulfidprobleme und damit biogene Schwefelsäurekorrosion auftreten. Der Beton ist damit der Expositionsklasse XA3 zuzuordnen, die einen Schutz des Betons (z. B. durch geeignete Beschichtungen oder Auskleidungen) erforderlich macht und einen hochwertigen Beton fordert. Hintergrund ist, dass Beschichtungen im allgemeinen eine kürzere Lebensdauer als das Betontragwerk selbst aufweisen. Bei Fehlstellen oder Alterungserserscheinungen der Beschichtung muss der dann ungeschützte Beton zumindest für eine gewisse Zeitspanne widerstandsfähig gegen die Säure- und Sulfatbeanspruchung sein. Der Einsatz von Zementen mit hohem Sulfatwiderstand (SR-Zemente) hemmt und verlangsamt die biogene Schwefelsäurekorrosion. Alternativ kann konstruktiv eine Trennung von Tragfunktion (Beton) und Abdichtungsfunktion (z. B. durch Auskleidung) vorgenommen werden. Besitzen dann Tragkonstruktion und Abdichtung eine gleichlange Nutzungsdauer, wird der Beton keinem chemischen Angriff mehr ausgesetzt.

Bei Foliendächern kann die innere Folie bis in das Gärsubstrat geführt werden und an der Behälterinnenwand mit Edelstahl der Widerstandsklasse III nach bauaufsichtlicher Zulassung angeflanscht werden. Damit wird die Betonwand im Gasbereich vor biogener Schwefelsäurekorrosion geschützt und gleichzeitig das Ablaufen von sauren, korrosiven

Kondensaten vom Foliendach auf die Betonoberfläche verhindert.

Auf Schutzmaßnahmen im Gasbereich kann verzichtet werden (und die Expositionsklasse für den chemischen Angriff auf Beton abgemindert werden), wenn unter Berücksichtigung der konkreten Verfahrenstechnik und der eingesetzten Gärsubstrate ein starker chemischer Angriff auf Beton ausgeschlossen werden kann (Zulassung, Anlagentechnik). Diese Voraussetzungen müssen über die Nutzungsdauer des Fermenters gegeben sein.

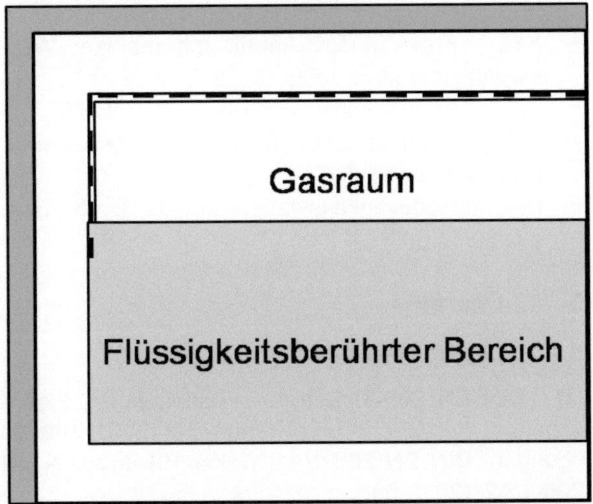

Abb. 7: Unterschiedliche Bereiche in einem Biogasfermenter

Damit ergeben sich folgende Mindestanforderungen für Beton in Biogasfermentern:

Im Bereich des Gärsubstrats (Flüssigkeitsberührter Bereich) in Anlehnung an DIN 11622-2:

- XA1   chemisch schwach angreifende Umgebung für landwirtschaftliche Gärsubstrate;
- XA2   mäßig angreifende Umgebung bei zweistufig betriebenen Anlagen mit räumlicher Trennung von Hydrolyse/Versäuerung und Essigsäure-/Methanbildung [15]
- XA-Festlegung im Einzelfall bei Cofermentaten
- XC2   Bewehrungskorrosion durch Karbonatisierung (innen)
- XC3   (außen, unter Wärmedämmung)
- Betondeckung entsprechend XC4 in Anlehnung an DIN 11622-2
- WA   Betonkorrosion infolge Alkali-Kieselsäure-Reaktion bei Gärsubstrat Gülle;
- WF   wenn Gärsubstrate keine Alkalien enthalten
- Beton mit hohem Wassereindringwiderstand

Im Bereich des Gasraums:

- XA3   chemisch stark angreifende Umgebung (mit Schutz des Betons),

- alternativ Trennung von Trag- und Schutzschicht (z. B. chemisch beständige Auskleidung mit gleicher Nutzungsdauer wie der Betonbehälter)
- besondere verfahrenstechnische und betriebliche Maßnahmen zur Vermeidung von biogener Schwefelsäurekorrosion (dann ist eine geringere XA-Einstufung möglich)
- XC3   Bewehrungskorrosion durch Karbonatisierung (innen, Betondeckung entsprechend XC4 in Anlehnung an DIN 11622-2
- XC3   (außen, unter Wärmedämmung),
- XC4, XF1 (außen, direkt bewittert)
- WF   Betonkorrosion infolge Alkali-Kieselsäure-Reaktion
- Beton mit hohem Wassereindringwiderstand und hoher Gasdichtheit (w/z ≤0,45)

Rechenwert der Rissbreite nach DIN 1045-1 sowie in Abhängigkeit von der gewählten Lösung zur Sicherung der Gasdichtheit (z. B. rissüberbrückende Beschichtung, Auskleidung, planmäßiges Schließen von (Trenn-)Rissen).

Im flüssigkeitsberührten Bereich (XA1) bedeutet dies, eine Betondruckfestigkeitsklasse ≥ C25/30, im Gasbereich (XA3) ≥ C35/45 bzw. ≥ C30/37 (LP) bei frostbeaufschlagten Bauteilen. Bei Trennung von Trag- und Dichtungsschicht im Gasraum oder bei technologischen Maßnahmen zur Vermeidung von biogener Schwefelsäurekorrosion kann nach Bewertung im Einzelfall die Mindest-Druckfestigkeitsklasse abgemindert werden [22].

Nach DIN 1045-2 gilt „bei chemischem Angriff der Expositionsklasse XA3 oder stärker sind Schutzmaßnahmen für den Beton erforderlich – wie Schutzschichten oder dauerhafte Bekleidungen – wenn nicht ein Gutachten eine andere Lösung vorschlägt". Mit Hochleistungsbetonen mit erhöhtem Säurewiderstand ist eine deutliche Verbesserung des Säure- und Sulfatwiderstands möglich. Betontechnologisch bestehen verschiedene Wege, den Säurewiderstand zu erhöhen, z. B.:

- Betondruckfestigkeiten
- geringe Wasserzementwerte
- hüttensandhaltige Zemente
- Zusatz von Steinkohlenflugasche
- bzw. Mikrosilika
- Optimierung der Packungsdichte von Gesteinskörnungen, Bindemittel und Zusatzstoffen

Die Leistungskriterien des Betons mit erhöhtem Säurewiderstand (z. B. Widerstand gegen minimale pH-Werte und Sulfatwiderstand) sind im Einzelfall zu vereinbaren [2, 15, 23]. Unter Berücksichtigung der anlagenspezifischen Bedingungen kann im Einzelfall auf Schutzmaßnahmen im Gasbereich der Fermenter verzichtet werden (Nutzungsänderungen beachten!).

4.4.5 Gasdichtheit

Voraussetzung für die Gasdichtheit des Behälters ist im Regelfall ein Beton mit einem Wasserzementwert w/z ≤ 0,45 sowie eine fachgerechte Verarbeitung und Nachbehandlung (siehe 3.). Gasdurchlässige Trennrisse müssen geschlossen werden. Die Gasdichtheit kann auch durch Beschichtungen und Auskleidungen unterstützt werden. Verfahrens-bedingt auftretender Über- und Unterdruck kann im Einzelfall zusätzliche Maßnahmen erfordern. Mit einer Selbstheilung von Rissen kann im Gasbereich nicht gerechnet werden.

4.5 Vor-, Nachlagerbehälter und Nachgärbehälter [18]

Behälter zum Sammeln und Vorlagern von Gülle, Gärfutter und anderen organischen Stoffen des landwirtschaftlichen Betriebskreislaufs sowie Lagerbehälter für die ausgefaulten Substrate können nach den Regeln für Güllebehälter und Gärfuttersilos DIN 11622-2 geplant und gebaut werden. Bei Verwendung anderer organischer Stoffe (Cofermentate) ist die Festlegung über DIN 11622-2 hinausgehender Maßnahmen im Einzelfall zu prüfen (z.B. Einstufung XA, Rissbreitenbeschränkung). Nachgärbehälter (geschlossen) sind wie Fermenter auszuführen.

4.6 Eintragsbunker und Vorratsbehälter für Biomasse [18]

Feste Gärsubstrate (z. B. Silage) können über Eintragsbunker, Vorratsbehälter und Schiebeböden in den Fermenter dosiert werden. In den oben offenen Bunkern ist die Silage der Witterung ausgesetzt. Bei Regen werden Gärsäuren aus der Silage ausgewaschen und beanspruchen chemisch die Betonoberfläche. Dabei ist zu beachten, dass bei organischen Säuren die Aggressivität bei Verdünnung wächst. Zusätzlich verschärfen verdünnte Gärsäuren den Frostangriff.

Abb. 8: Wandoberflächen eines Eintragsbunkers
Foto Richter T.

Für die Bunkerwände in Kontakt mit Silage ergeben sich folgende Mindestanforderungen an den Beton:

- XA3 chemisch stark angreifende Umgebung (mit Schutz des Betons)
- XC4 Bewehrungskorrosion durch Karbonatisierung
- XF1 Frostangriff mit mäßiger Wassersättigung
- WF Betonkorrosion infolge Alkali-Kieselsäure-Reaktion
- Betondruckfestigkeitsklasse ≥ C 35/45

Bei Dosierung von Natriumchlorid (Siedesalz) zur Verbesserung der Homogenisierung im Fermenter sind zusätzlich zu beachten:

- XF2 Frost-Tausalz-Angriff mit mäßiger Wassersättigung (statt XF1)
- XD2 Bewehrungskorrosion durch Chloride
- WA Betonkorrosion infolge Alkali-Kieselsäure-Reaktion (statt WF)
- Betondruckfestigkeitsklasse ≥ C 35/45 bzw. ≥ C 30/37 (LP)

5 Literatur

5.1 Literaturhinweise

[1] DIN EN 206-1: Beton – Festlegungen, Eigenschaften, Herstellung und Konformität (2001) Berichtigungen: DIN EN 206-1/A1: (2004-10) und DIN EN 206-1/A2: (2005-09)

[2] DIN 1045: Tragwerke aus Beton, Stahlbeton und Spannbeton. Teil 1: Bemessung und Konstruktion (2008-08), Teil 2: Deutsche Anwendungsregeln (2008-08), Teil 3: Bauausführung (2008-08), Teil 4: Ergänzende Regeln für die Herstellung und Konformität von Fertigteilen (2001-07)

[3] DIN 4030-1: Beurteilung betonangreifender Wässer, Böden und Gase – Teil 1: Grundlagen und Grenzwerte (Juni 2008)

[4] DIN 11622-2 + Beiblatt 1: Gärfuttersilos und Güllebehälter Teil 2: Bemessung (2004)

[5] EN 1990 Eurocode: Grundlagen der Tragwerksplanung; Deutsche Fassung

[6] Zement-Taschenbuch (2008) 51. Ausgabe Verein Deutscher Zementwerke e.V. (Hrsg)

[7] KTBL-Arbeitsblatt Nr. 1060 (1996): Kuratorium für Technik und Bauwesen in der Landwirtschaft e.V.

[8] DIN EN 1504 Produkte und Systeme für den Schutz und die Instandsetzung von Betontragwerken (2005-10)

[9] Grübl, P.; Weigler, H.; Karl, S.: Beton – Arten, Herstellung und Eigenschaften, Ernst und Sohn, Berlin (2001)

[10] Freimann, T.: Chemischer Angriff auf Beton, Tagungsunterlagen, BayerischeBauAkademie (2009)

[11] Zement-Merkblatt Betontechnik B9, Nachbehandlung von Beton, Verein Deutscher Zementwerke e.V. (Hrsg.)

[12] Zement-Merkblatt Landwirtschaft LB1 (2006) Fußböden für Lagerhallen, Verein Deutscher Zementwerke e.V. (Hrsg.)

[13] Hersel, O.: Schutz und Instandsetzen von Güllebehältern aus Stahlbeton, Bauen für die Landwirtschaft Nr.2 (2010)

[14] Merkblatt Stahlbeton für Güllebehälter. Bauen für die Landwirtschaft 36 (1998)

[15] Vorbeugende Maßnahmen gegen schädigende Akalireaktion im Beton (Alkali-Richtlinie). Deutscher Ausschuss für Stahlbeton, Berlin (2007-02) und Berichtigung (2010-04)

[16] Zement-Merkblatt Landwirtschaft LB6 (2000) Planung und Bau von Gärfutter-Flachsilos, Verein Deutscher Zementwerke e.V. (Hrsg)

[17] König, A.; Rasch, S.; Neumann, T; Dehn, F.: Betone für biogenen Säureangriff im Landwirtschaftsbau. Beton- und Stahlbetonbau 105 (2010), Heft 11, S. 714-724

[18] Zement-Merkblatt Landwirtschaft LB14 (2010) Beton für Behälter in Biogasanlagen, Verein Deutscher Zementwerke e.V. (Hrsg)

[19] DWA-M 380: Merkblatt Co-Vergärung in kommunalen Klärschlammfaulbehältern, Abfallvergärungsanlagen und landwirtschaftlichen Biogasanlagen. Deutsche Vereinigung für Wasserwirtschaft, Abwasser und Abfall, Bad Hennef (2009)

[20] Kampen, R.; Bose, T.; Klose, N.: Betonbauwerke in Abwasseranlagen 5. Überarbeitete Auflage (2011)

[21] DIN EN 1992-3: Bemessung und Konstruktion von Stahlbeton- und Spannbetontragwerken. Teil 3: Behälterbauwerke

[22] DAfStb-Richtlinie Schutz und Instandsetzung von Betonbauteilen.Deutscher Ausschuss für Stahlbeton (2001-10).

[23] Breit, W.: Säurewiderstand von Beton: Betontechnische Berichte 2001–2003, S. 181-189. Verlag Bau+Technik, Düsseldorf (2004)

[24] Jacobs, F.: Dauerhaftigkeitseigenschaften von Betonen. beton 40 (1999) Heft 5, S. 276-282

5.2 Bezugsquellen / Internetadressen (Auswahl)

Normen:

www.beuth.de

Auslegungen zu Normen:

www.nabau.din.de

Richtlinien:

www.dafstb.de

Merkblätter:

www.betonverein.de
www.beton.org
www.dwa.de

Weitere Adressen:

www.ktbl.de
www.vdz-online.de

6 Autor

Dr.-Ing. Thomas Bose
BetonMarketing Süd GmbH
Gerhard-Koch-Straße 2+4
73760 Ostfildern

Beton in LAU-Anlagen

Ulf Guse

Zusammenfassung

Für Betonbauwerke, die dem Gewässerschutz dienen, sind spezielle Nachweise erforderlich, um deren Dicht- und Tragfunktion bei der Beanspruchung durch wassergefährdende Flüssigkeiten sicherzustellen. Umrissen werden die maßgebenden Anforderungen des Wasserrechts und die Verknüpfung zum Baurecht, jeweils ergänzt durch Hinweise auf aktuelle Entwicklungen. Der Richtlinie des Deutschen Ausschusses für Stahlbeton "Betonbau beim Umgang mit wassergefährdenden Stoffen" kommt in diesem Zusammenhang besondere Bedeutung zu, da sie die entsprechenden Dichtheitsnachweise und grundsätzliche betontechnologische Festlegungen enthält. Auf ergänzend zu beachtende bauaufsichtliche Regelungen wird hingewiesen. Insbesondere betrifft dies die Ausführung von Fugen. Eingegangen wird auf das Prüfverfahren zur Bestimmung der Eindringtiefe von wassergefährdenden Flüssigkeiten, und es werden Aspekte, die aus dem Einsatz von Biokraftstoffen resultieren, behandelt.

1   Grundlagen

Der Schutz der Gewässer, d. h. der oberirdischen Gewässer, der Küstengewässer und des Grundwassers, ist das Ziel des Wasserhaushaltsgesetzes (WHG), das neben dem Bundes-Immissionsschutzgesetz (BImSchG) Belange des Umweltschutzes regelt. Im BImSchG wird hinsichtlich des Gewässerschutzes auf die wasserrechtlichen Vorschriften des Bundes und der Länder verwiesen.

Nach § 62 (1) des WHG vom 31.07.2009 müssen "Anlagen zum **L**agern, **A**bfüllen, **H**erstellen und **Be**handeln wassergefährdender Stoffe sowie Anlagen zum **V**erwenden wassergefährdender Stoffe (LA- und HBV-Anlagen) im Bereich der gewerblichen Wirtschaft und im Bereich öffentlicher Einrichtungen so beschaffen sein und so errichtet, unterhalten, betrieben und stillgelegt werden, dass eine nachteilige Veränderung der Eigenschaften von Gewässern nicht zu besorgen ist".

Dieser Besorgnisgrundsatz ist so zu interpretieren, dass es nach menschlicher Erfahrung unwahrscheinlich ist, dass durch Stoffe aus diesen Anlagen (L, A, H, B, V) ein Gewässer nachteilig verändert werden kann.

Technisch kann dies nur durch ein vierstufiges Sicherheitskonzept erreicht werden [1]:

- allgemeine Sicherheit (primäre Sicherheit), Eignung und Zuverlässigkeit aller Anlagenteile bei allen Belastungen und Einwirkungen,
- Mehrfachsicherheit (sekundäre Sicherheit), redundante technische Schutzvorkehrungen, z. B. eine Auffangwanne aus Beton,
- Eigen- und Fremdüberwachung,
- reparative Maßnahmen, Möglichkeiten und Erfolgsaussichten bei Schadensfällen.

Aus § 62 (1) des WHG ist weiterhin abzuleiten, dass der Besorgnisgrundsatz nicht nur beim Neubau, sondern auch bei der Instandhaltung und Instandsetzung entsprechender Anlagen gilt.

Für Anlagen zum **U**mschlagen wassergefährdender Stoffe gilt ebenfalls § 62 (1) des WHG, aber nicht der Besorgnisgrundsatz. Hier muss "der bestmögliche Schutz der Gewässer vor nachteiligen Veränderungen ihrer Eigenschaften" sichergestellt werden. Dies gilt auch für Anlagen zum Lagern und Abfüllen von **J**auche, **G**ülle und **S**ilagesickersäften in der Landwirtschaft (JGS-Anlagen).

Der bestmögliche Schutz wird erreicht, indem diese Anlagen mindestens den allgemein anerkannten Regeln der Technik (aaRdT) entsprechen. Darüber hinausgehende Anforderungen können an Anlagen zum Umschlagen gestellt werden

Konkretisiert werden die im WHG gesetzten Ziele durch die Verordnungen der Länder über Anlagen zum Umgang mit wassergefährdenden Stoffen und über Fachbetriebe (VAwS) sowie in zugehörigen Verwaltungsvorschriften (VVAwS). Neben den Grundsatzanforderungen werden darin die technischen Vorschriften und Baubestimmungen der obersten Wasser- und Baurechtsbehörde als aaRdT für diesen Bereich eingeführt. Weiterhin gelten danach auch für Anlagen zum Umschlagen wassergefährdender Stoffe dieselben Anforderungen wie für die LA- und HBV-Anlagen.

Im Zusammenhang mit der Förderalismusreform vom 1. September 2006 wird zurzeit eine bundeseinheitliche Verordnung über Anlagen zum Umgang mit wassergefährdenden Stoffen (VAUwS) erarbeitet, die die Verordnungen der Länder (VAwS) ablösen wird. Mit ihrer Verabschiedung ist zum Jahreswechsel 2011/2012 zu rechnen.

Eine technische Konkretisierung erhalten die wasserrechtlichen Vorgaben durch die Technischen Regeln wassergefährdende Stoffe (TRwS). Diese entstehen unter Leitung der Deutschen Vereinigung für Wasserwirtschaft, Abwasser und Abfall e.V. (DWA) im Auftrag der Bund/Länder-Arbeitsgemeinschaft Wasser (LAWA) in einem öffentlichen Beteiligungsverfahren und werden im Bundesanzeiger bekanntgegeben (DWA-Arbeitsblätter).

In den TRwS werden die im Wasserrecht geforderten allgemein anerkannten Regeln der Technik präzisiert und die technischen Spezifikationen benannt. Allgemeine technische Regeln für Anlagen zum Umgang mit wassergefährdenden Stoffen enthält DWA-A 779 (TRwS 779, Ausgabe 2006). DWA-A 786 (TRwS 786, Ausgabe 2005) gilt für die Ausführung von Dichtflächen als sekundäre Barriere in Anlagen zum Umgang mit wassergefährdenden Flüssigkeiten (LAU- und HBV-Anlagen), bei denen eine stoffundurchlässige Fläche erforderlich ist. Das Arbeitsblatt DWA-A 786 wird in diesem Jahr überarbeitet herausgegeben.

DWA-A 781 (TRwS 781, Ausgabe 2008) enthält die technischen und organisatorischen Lösungen für Tankstellen für Kraftfahrzeuge, DWA-A 782 (TRwS 782, Ausgabe 2006) für Betankungsstellen für Schienenfahrzeuge, DWA-A 783 (TRwS 783, Ausgabe 2005) für Betankungsstellen für Wasserfahrzeuge und DWA-A 784 (TRwS 784, Ausgabe 2006) für Betankungsstellen für Luftfahrzeuge.

Aus der DWA-A 786 (TRwS 786) ergeben sich für die Betonbauweise folgende Bauausführungen für Neuanlagen (Nr. 4, 6 und 7):

- Fertigteile nach DIBt-Prüfprogramm "Befahrbare Dichtkonstruktionen aus Ortbeton bzw. Betonfertigteilen",
- Beton mit vorweggenommenem/vereinfachtem Dichtheitsnachweis nach Bauregelliste (BRL) A Teil 1 lfd Nr. 15.32,
- Beton mit rechnerischem Nachweis der Dichtheit nach BRL A Teil 1 lfd Nr. 15.32.

Für die Betonbauweise dient dabei die DAfStb-Richtlinie "Betonbau beim Umgang mit wassergefährdenden Stoffen" (BBUmwS) [2] als Grundlage. Zu beachten sind die ergänzenden Regelungen in der Anlage 15.8 zu BRL A Teil 1 lfd. Nr.15.32, auf die im Abschnitt 3.2 eingegangen wird.

Neben dem Baustoff Beton sind nach DWA-A 786 (TRwS 786) folgende Bauweisen möglich: Stahl, Kunststoffbahnen, Gussasphalt, halbstarre Beläge, Beschichtungen für Beton, Beschichtungen für Stahl und Plattenbeläge auf einer Dichtschicht.

Diese Dichtkonstruktionen können für unterschiedliche Beanspruchungsstufen geeignet sein: "gering", "mittel" oder "hoch". Gegliedert sind diese Stufen nach der möglichen Beanspruchungsdauer bei der Anlagenbetriebsart Lagern (8 Stunden, 72 Stunden, 3 Monate), der Häufigkeit der Vorgänge beim Abfüllen (4 x, bis 200 x, > 200 x jeweils pro Jahr) und hinsichtlich der Verpackungsart der Flüssigkeit beim Umschlagen. Die Beanspruchungsdauer beim Lagern richtet sich nach den betrieblichen Gegebenheiten und ist davon abhängig, innerhalb welchen Zeitraumes ausgelaufene Flüssigkeiten erkannt und von der Dichtfläche entfernt werden können.

Für Tankstellen beträgt die nach DWA-A 781 anzunehmende Beanspruchungsdauer der Flächenabdichtung intermittierend 144 Stunden (oder 28 Tage je 5 Stunden) und für die zugehörigen Fugenabdichtungen 72 Stunden (Beanspruchungsstufe "mittel").

2 Bauaufsichtliche Regelungen für LAU-Anlagen

§ 63 (1) des WHG vom 31.07.2009 fordert für Anlagen zum **L**agern, **A**bfüllen und **U**mschlagen wassergefährdender Stoffe eine Eignungsfeststellung. Diese Eignungsfeststellung entfällt gemäß § 63 (3) für Anlagenteile, die nach dem Bauproduktengesetz in Verkehr gebracht werden dürfen und bei denen die Anforderungen an den Schutz der Gewässer beachtet wurden, oder wenn nach bauordnungsrechtlichen Vorschriften die Einhaltung der wasserrechtlichen Anforderungen sichergestellt wurde.

Wird ein Bauprodukt nur im Einzelfall eingesetzt, so sind die Anwendungsregeln nicht Gegenstand eines bauaufsichtlichen, sondern des wasserrechtlichen Verfahrens (wasserrechtliche Eignungsfeststellung).

Bei Bauprodukten, auf die der Einzelfall nicht zutrifft, und dies ist der überwiegende Anteil (Serienfertigung), werden wasserrechtliche und baurechtliche Anforderungen durch die Landesverordnungen zur Feststellung der wasserrechtlichen Eignung von Bauprodukten und Bauarten durch Nachweise nach der Landesbauordnung (WasBauPVO) verknüpft. Damit sind die wasserrechtlichen Anforderungen bei Bauprodukten und Bauarten für LAU-Anlagen in Nachweisen entsprechend der Landesbauordnungen (LBO) zu berücksichtigen, wobei nationale und europäische Regelungen nebeneinander stehen.

Für den Bereich der LAU-Anlagen werden national die technischen Regeln, die z. B. in Form von Normen vorliegen, in der Baregeliste A Teil 1 Kapitel 15 bekannt gemacht. So findet man unter der lfd. Nr. 15.32: Beton als Abdichtungsmittel für Auffangräume und Flächen. Baregelliste A Teil 2 bzw. 3 enthält Bauprodukte bzw. Bauarten für die ein allgemeines bauaufsichtliches Prüfzeugnis erteilt werden kann, z. B. Beschichtungsstoffe für Heizöl-

Auffangwannen (BRL A Teil 2 lfd. Nr. 2.15). Ist das Bauprodukt nicht in der Bauregelliste enthalten oder weicht es wesentlich von den technischen Regeln ab, d. h. es liegen keine technischen Regeln vor, so werden allgemeine bauaufsichtliche Zulassungen (abZ) als Verwendbarkeitsnachweis erteilt. Dies betrifft im Bereich der LAU-Anlagen folgende Bauprodukte:

- Beton und Betonfertigteile,
- Rinnen,
- Fugendichtstoffe und Fugenbänder,
- halbstarre Beläge,
- Beschichtungssysteme für Beton,
- Dichtungsbahnen,
- Gummierungen und Innenbeschichtungen von Stahlbehältern,
- Asphalt,
- Stahl- und Stahlverbundsysteme.

Bauprodukte, für die harmonisierte europäische Normen (hEN) existieren, sind in der BRL B Teil 1 Kapitel 1, gelistet. Die Anwendungsregeln für solche Bauprodukte nach hEN für den Bereich der LAU-Anlagen sind im Teil III der Liste der Technischen Baubestimmungen (LTB) enthalten, z. B. Rinnen nach EN 1433 (Nr. 1.2.12).

BRL B Teil 1 Kapitel 2 enthält Bauprodukte und Kapitel 3 Bausätze, für die auf der Basis von Leitlinien (ETAG) europäisch technische Zulassungen (ETA) erteilt werden.

Liegt für die Erteilung der ETA eine abgestimmte Beurteilungsgrundlage vor (CUAP), so ist die Fundstelle für die Bauprodukte das Kapitel 4 und für die Bausätze Kapitel 5 der BRL B Teil 1.

Brauchbarkeitsnachweise, d. h. europäisch technische Zulassungen (ETA), auf der Basis von abgestimmten Beurteilungsgrundlagen (CUAP) erhalten im Bereich der LAU-Anlagen zurzeit folgende Bauprodukte:

- Fertigteile aus flüssigkeitsdichtem Beton bzw. Stahlbeton,
- Fugendichtstoffsysteme,
- Fugenbänder aus thermoplastischen Kunststoffen,
- aufgeklebte Fugenbänder,
- Beschichtungssysteme für Beton,
- Dichtungsbahnen,
- Betonschutzplatten aus Kunststoff,
- Gussasphalt.

Im Unterschied zur allgemeinen bauaufsichtlichen Zulassung (abZ) können nationale Regelungen nicht in die ETA einfließen. Dies betrifft insbesondere die Fachbetriebspflicht für Arbeiten in LAU-Anlagen, die durch die VAwS geregelt wird (zukünftig VAUwS). Dementsprechend sind die nationalen Anwendungs-

regeln für Bauprodukte mit ETA im Teil III der LTB enthalten (Nr. 2.2).

Die dargestellten bauaufsichtlichen Nachweise enthalten praktisch nur Regelungen für den Neubau von LAU-Anlagen. Da aber auch die Instandsetzung dem Besorgnisgrundsatz des WHG unterliegt (vgl. Abschnitt 1), fallen entsprechende Bauprodukte in den Geltungsbereich der WasBauPVO. Dementsprechend muss für Bauprodukte, die bei der Instandsetzung von LAU-Anlagen eingesetzt werden, die Verwendbarkeit mit einer allgemeinen bauaufsichtlichen Zulassung (abZ) nachgewiesen werden. Dies betrifft insbesondere Instandsetzungsmörtel und Rissfüllstoffe, für die Dichtheits- und Beständigkeitsnachweise entsprechend eines DIBt-Prüfprogramms zu erbringen sind. Als Basis dient für diese Bauprodukte der Nachweis der Verwendbarkeit entsprechend der DAfStb-Richtlinie "Schutz und Instandsetzung von Betonbauteilen" oder der Brauchbarkeit als Bauprodukt gemäß der Normenreihe EN 1504 (vgl. LTB Teil III, Nr. 1.2). Bei Fugenabdichtungssystemen und Beschichtungen muss die Zulassung (abZ oder ETA) die spezifischen Anforderungen im Rahmen einer Instandsetzung berücksichtigen (z. B. Untergrundvorbereitung).

3 Beton für LAU-Anlagen

3.1 DAfStb-Richtlinie "Betonbau beim Umgang mit wassergefährdenden Stoffen"

3.1.1 Einführung

Ausgehend von den Technischen Regeln wassergefährdende Stoffe (TRwS), d. h. dem Arbeitsblatt DWA-A 786, kann die Sekundärbarriere in LAU-Anlagen in der Betonbauweise ausgeführt werden. Eine wesentliche Grundlage bildet dafür die DAfStb-Richtlinie "Betonbau beim Umgang mit wassergefährdenden Stoffen" (BBUmwS) sowie die entsprechenden Normen für die Ausführung von Betonbauwerken DIN 1045-2 und DIN 1045-3 sowie EN 206-1 (BRL A Teil 1 lfd. Nr. 15.32).

Diese DAfStb-Richtlinie befindet sich zurzeit in der Überarbeitung und wird in diesem Jahr in einer neuen Fassung vorliegen. Notwendig wurde dies insbesondere durch das WHG vom 31.07.2009, die in Kürze zu erwartende bundeseinheitliche Verordnung über Anlagen zum Umgang mit wassergefährdenden Stoffen (VAUwS), das in Überarbeitung befindliche Arbeitsblatt DWA-A 786 sowie die neuen Bemessungsnormen für Stahlbeton und Spannbetontragwerke, EN 1992-1-1 und DIN EN 1992-1-1/NA (Eurocode 2).

Grundsätzlich ist davon auszugehen, dass in den porösen mineralischen Baustoff Beton Flüssigkeiten eindringen. Als wesentlicher Parameter bestimmt dabei die Kapillarporosität des Betons die aufnehmbare Menge und die Eindringtiefe der Flüssigkeit.

Dieser Parameter kann durch den Wasserzement-wert des Frischbetons und die Nachbehandlung entscheidend beeinflusst werden.

Wasser führt aufgrund der Zusammensetzung und Struktur des Zementsteins zu Quellvorgängen, die das Eindringen begrenzen. Bei organischen Flüssigkeiten wird dieser Effekt nicht beobachtet. Hier beeinflusst insbesondere die Molekülgröße das Eindringverhalten.

Wesentliche Kenngrößen zur Charakterisierung des Eindringverhaltens von organischen Flüssigkeiten in den Beton sind die dynamische Viskosität η [mN·s/m²] und die Oberflächenspannung σ [mN/m]. Dies ist insofern von Bedeutung, da für das kapillare Eindringen einer Flüssigkeit e_t [m] nach Anhang B der DAfStb-Richtlinie folgende Wurzel-Zeit-Beziehung, t in [s], r in [m], aufgestellt werden kann:

$$e_t = \left(\frac{\cos\theta \cdot r \cdot \sigma}{2\eta} \cdot t \right)^{\frac{1}{2}}. \tag{1}$$

Anhand dieser Beziehung wird deutlich, dass bei gegebenem Verhältnis $(\sigma/\eta)^{1/2}$ einer organischen Flüssigkeit und bei gegebenem Randwinkel θ sowie konstanter Temperatur (dynamische Viskosität und Oberflächenspannung sind temperaturabhängig) deren Eindringtiefe mit abnehmendem Porenradius r sinkt. Der Porenradius wird bei zementgebundenen Baustoffen ebenso wie das Kapillarporenvolumen wesentlich durch den Wasserzementwert und die Nachbehandlung bestimmt.

3.1.2 Teil 1 der DAfStb-Richtlinie BBUmwS

Aufgabe der Sekundärbarriere ist es, den Durchtritt wassergefährdender Flüssigkeiten über einen definierten Zeitraum zu verhindern. Dazu sind im Teil 1 die Grundlagen für die Bemessung, für die Konstruktion und Bauausführung sowie für die Überwachung enthalten.

Folgende Nachweise der Dichtheit gegenüber wassergefährdenden Flüssigkeiten sind in Abhängigkeit vom Zustand des Betonbauteils vorgesehen:

- Begrenzung der Eindringtiefe in ungerissenem Beton - unbewehrte ebene Bauteile mit begrenzten Abmessungen oder Stahlbeton, Abbildung 1,
- Begrenzung der Eindringtiefe in gerissenem Stahlbeton, Risse auf der Unterseite, Abbildung 2, oder auf der Oberseite, Abbildung 3,
- Begrenzung der Eindringtiefe in durchgehenden Rissen (Trennrisse), Abbildung 4,
- Begrenzung der Rissbreite, Abbildungen 4 und 5.

In den Abbildungen 1 bis 5 bedeuten: x Druckzonendicke, xw Dicke der gerissenen Druckzone, e_{tm} mittlere Eindringtiefe, e_{tk} charakteristische Eindringtiefe, ew_{tk} charakteristische Eindringtiefe in überdrückte Trennrisse, γ_e, γ_r Sicherheitsbeiwerte (1,50), w_{cal} rechnerische Rissbreite unter max. Gebrauchslast, w_{crit} kritische Rissbreite (ew_{tk} = h).

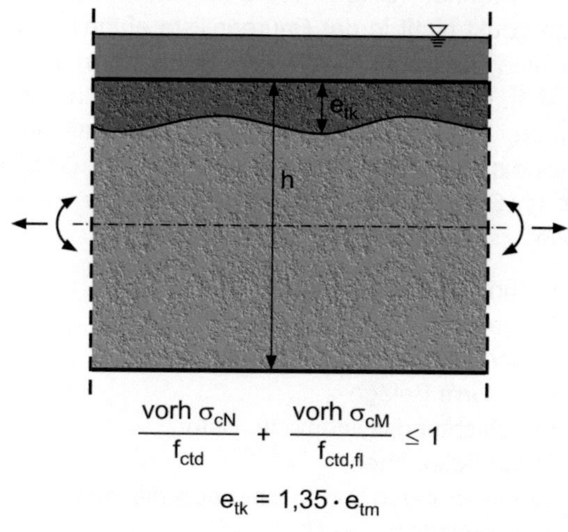

$$\frac{\text{vorh } \sigma_{cN}}{f_{ctd}} + \frac{\text{vorh } \sigma_{cM}}{f_{ctd,fl}} \leq 1$$

$$e_{tk} = 1{,}35 \cdot e_{tm}$$

$$h \geq \gamma_e \cdot e_{tk}$$

Abb. 1: Begrenzung der Eindringtiefe in ungerissenem Beton

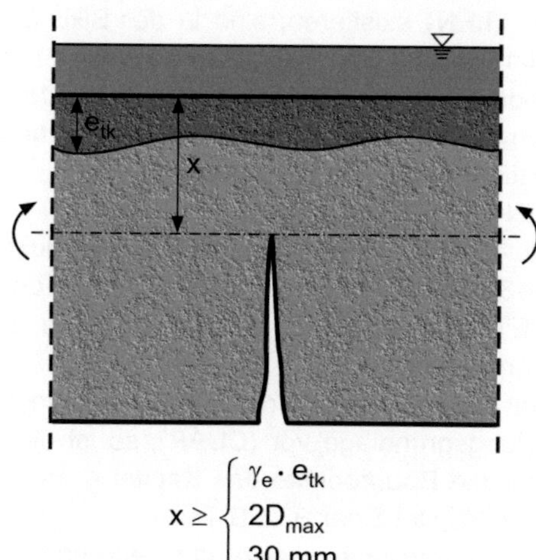

$$x \geq \begin{cases} \gamma_e \cdot e_{tk} \\ 2D_{max} \\ 30 \text{ mm} \end{cases}$$

Abb. 2: Begrenzung der Eindringtiefe in gerissenem Stahlbeton, Risse auf der Unterseite

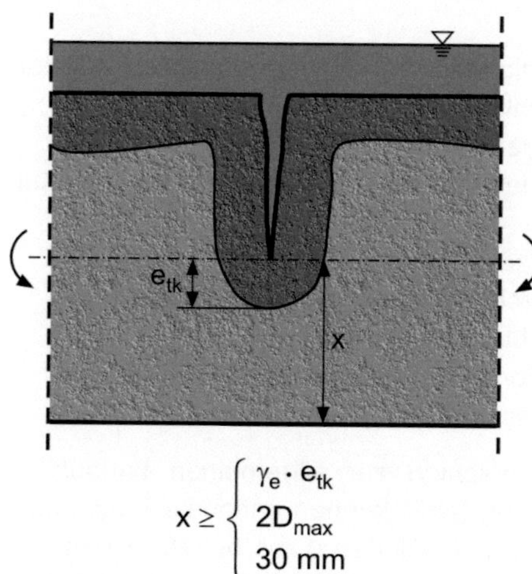

$$x \geq \begin{cases} \gamma_e \cdot e_{tk} \\ 2D_{max} \\ 30 \text{ mm} \end{cases}$$

Abb. 3: Begrenzung der Eindringtiefe in gerissenem Stahlbeton, Risse auf der Oberseite

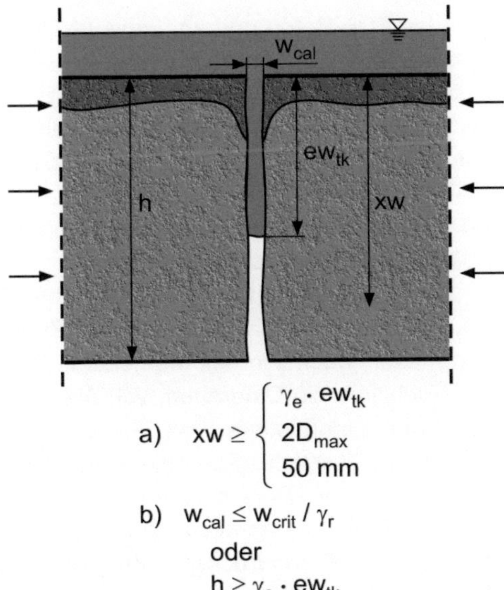

a) $\quad xw \geq \begin{cases} \gamma_e \cdot ew_{tk} \\ 2D_{max} \\ 50 \text{ mm} \end{cases}$

b) $\quad w_{cal} \leq w_{crit} / \gamma_r$

oder

$h \geq \gamma_e \cdot ew_{tk}$

Abb. 4: Begrenzung der Eindringtiefe, durchgehende Risse (Trennrisse) infolge Zugbeanspruchung oder wechselnder Momente
a) überdrückter Riss
b) Zugspannung abgeklungen, keine Druckspannung im Querschnitt, $\sigma_c = 0$

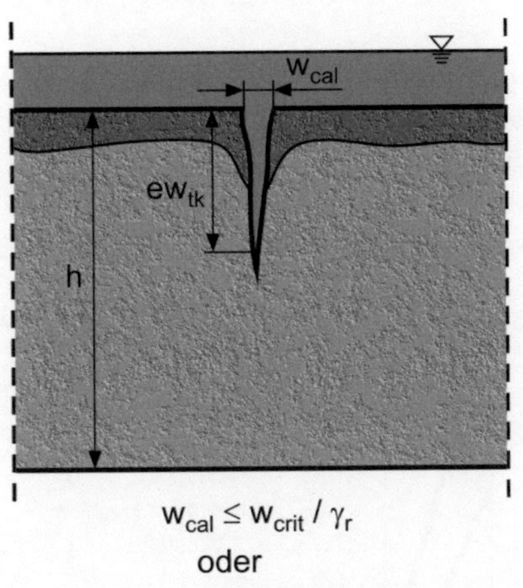

$w_{cal} \leq w_{crit} / \gamma_r$

oder

$h \geq \gamma_e \cdot ew_{tk}$

Abb. 5: Begrenzung der Rissbreite unter Gebrauchslast und Flüssigkeitsbeanspruchung

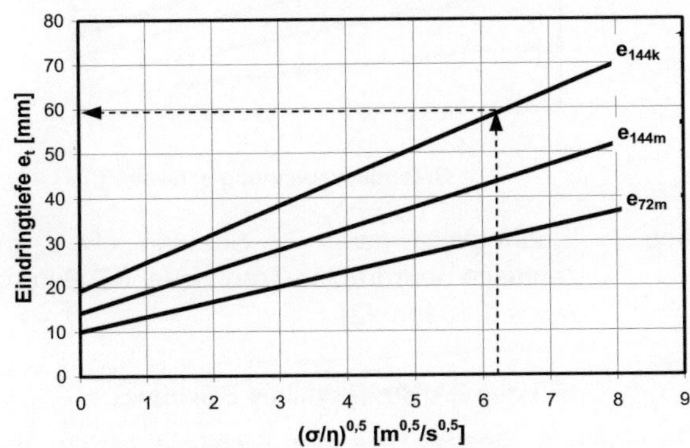

Abb. 6: Eindringtiefe in ungerissenem FD-Beton, nach [2]

Neben der Eindringtiefe sind ggf. auch die Schädigung des Betons durch chemisch angreifende wassergefährdende Stoffe, z. B. Säuren, und die Verschleißbeanspruchung bei mechanischer Beanspruchung zu berücksichtigen. Dies bedeutet, dass die Betondeckung des Stahles entsprechend festzulegen ist, um Korrosion oder eine Beeinträchtigung der Verbundwirkung auszuschließen. Der durch Korrosion im Beanspruchungsfall oder Verschleiß verringerte Betonquerschnitt ist beim Tragfähigkeitsnachweis zu berücksichtigen. Dabei kann für die Schädigung nach 72 Stunden bei Einwirkung ruhender bis leicht bewegter Säuren beliebiger Konzentration eine Schädigungstiefe $s_{c72m} = 5$ mm angesetzt werden. Werte bis 360 Stunden sind auf der Basis von Gleichung (3) zu extrapolieren. Genauere Werte müssen nach Anhang A der Richtlinie experimentell ermittelt werden.

Hinsichtlich der Anwendbarkeit der aufgeführten Nachweise ist zu beachten, dass der rechnerische Nachweis der Dichtheit der Betonkonstruktion nach DWA-A 786, Tabelle 2 lfd. Nr. 7, nur für die in den Abbildungen 1 bis 3 dargestellten Varianten uneingeschränkt anwendbar ist. Das in Abbildung 4 dargestellte Konzept für durchgehende Trennrisse wird zurzeit im Rahmen der Überarbeitung der Richtlinie und des DWA-Arbeitsblattes überprüft. DWA-A 786 fordert hier den Nachweis der Flüssigkeitsundurchlässigkeit des Risses. Dafür muss die Eindringtiefe der Flüssigkeit im Riss für Fall a) in Abbildung 4 bekannt sein und für den Rissbreitennachweis nach Fall b) in Abbildung 4 die kritische Rissbreite w_{crit}, bei der die Bauteildicke während der Beaufschlagungsdauer durchdrungen wird. Als Hilfsmittel hierfür dient Abbildung 7 nach [2]. Die zulässige rechnerische Trennrissbreite w_{cal} ist in der statischen Berechnung nachzuweisen. Liegt kein Trennriss vor, so kann der Nachweis über die Begrenzung der Rissbreite entsprechend Abbildung 5 geführt werden.

Für Beton mit vorweggenommenem Dichtheitsnachweis nach DWA-A 786, Tabelle 2 lfd. Nr. 6, ist der vereinfachte Nachweis entsprechend den in der DAfStb-Richtlinie vorgegebenen Randbedingungen und Bewehrungsanteilen möglich (Abb. 1, 2 und 3). Trennrisse sind hierbei unzulässig.

An Tankstellen sind nach DWA-A 781 folgende betontechnologische Anforderungen neben den, die in der Richtlinie an FD- oder FDE-Beton gestellt werden, umzusetzen: Beton der Expositionsklassen XF4 und XD3 sowie bei Stahlbeton auch XC4 und XD3.

Die Bauausführung von Dichtkonstruktionen aus Beton unterliegt den Regelungen in der DAfStb-Richtlinie in Verbindung mit DIN 1045-3 (Überwachungsklasse 2).

3.1.3 Teil 2 der DAfStb-Richtlinie BBUmwS

Entspricht der einzusetzende Beton dem in Teil 2 definierten flüssigkeitsdichten Beton (FD-Beton), so kann die Eindringtiefe nach 72 Stunden Einwirkung auf den ungerissenen Beton e_{72m} aus der Abbildung 6 abgelesen bzw. nach der in der Richtlinie angegebenen Gleichung:

$$e_{72m} = 10 + 3{,}33 \cdot (\sigma/\eta)^{0,5} \qquad (2)$$

berechnet werden. Ergänzende Prüfungen sind bei Anwendung des FD-Betons nicht erforderlich.

Für andere Beaufschlagungszeiträume als 72 Stunden können für t = 8 bis 2200 [h] die Werte auf der Basis von e_{72m} wie folgt ermittelt werden:

$$e_{tm} = e_{72m} \cdot \sqrt{\frac{t}{72}} \cdot \qquad (3)$$

Die charakteristische Tiefe e_{tk} und ew_{tk} beträgt:

$$e_{tk} = e_{tm} \cdot 1{,}35 \quad bzw. \quad ew_{tk} = ew_{tm} \cdot 1{,}35 \, . \qquad (4)$$

Da z. B. an Tankstellen nach DWA-A 781 bzw. BRL A Teil 1 Anlage 15.8 die Eindringtiefe nach einer Beaufschlagungsdauer von 144 Stunden anzusetzen ist (Beanspruchungsstufe "mittel"), sind in der Abbildung 6 auch die entsprechenden Linien für die mittlere und die charakteristische Eindringtiefe bei FD-Beton nach diesem Zeitraum eingetragen. Ermittelt wurden diese auf der Basis der Gleichungen (2) bis (4). Aus der Abbildung 6 ergibt sich die charakteristische Eindringtiefe für Ottokraftstoff Super, für den ein Verhältnis $(\sigma/\eta)^{1/2} \approx 6{,}3$ anzunehmen ist, mit $e_{144k} \approx 59$ mm und eine mindestens erforderliche Bauteil- oder Druckzonendicke (vgl. Abb. 1 bis 3) von 59 x 1,5 = 89 mm. In der Bauteilfläche aus FD-Beton ist dies realisierbar. Aber auch am Bauteilrand und dem Übergang zu anderen Dichtkonstruktionen oder in Bauteilfugen ist die Dichtfunktion sicherzustellen. Bei üblichen Fugen, die mit Dichtstoffen verfüllt werden, ist von einer sogenannten geschützten Fugenflanke d_H = 30 mm auszugehen. Näher erläutert wird dies im Abschnitt 3.2. Eine Konsequenz daraus ist aber, dass bei Einsatz des FD-Betons mit $e_{144k} \approx 59$ mm für Ottokraftstoff und d_H = 30 mm, umläufige Fugenkonstruktionen zu unterstellen sind.

Die Richtlinie bietet zur Lösung dieses Problems zwei Möglichkeiten:

- die gesonderte Ermittlung von Eindringtiefen für einzelne Flüssigkeiten am FD-Referenzbeton (Eindringprüfungen an FD-Beton mit der Zusammensetzung nach Anhang A der Richtlinie) oder
- die Anwendung des Konzepts für flüssigkeitsdichten Beton nach Eindringprüfung (FDE-Beton), der deutlich geringere Eindringtiefen als der FD-Beton aufweisen sollte.

Für FDE-Beton definiert die Richtlinie Mindestanforderungen und fordert Eindringprüfungen mit zwei definierten Flüssigkeiten, n-Hexan mit $(\sigma/\eta)^{1/2}$ = 7,8 und Dichlormethan mit $(\sigma/\eta)^{1/2}$ = 8,0, und zwar an dem zu beurteilenden FDE-Beton und an dem zum Vergleich einzubeziehenden FD-Beton. Auf der Basis dieser Ergebnisse wird eine neue Grenzlinie der Eindringtiefe nach Anhang B der Richtlinie ermittelt. Diese sollte mindestens 30 % unter der Grenzlinie für e_{72m} des FD-Betons nach Abbildung 6 liegen, da die Prüfwerte für den FD-Beton im Bereich von 70 bis 100 % dieser Grenzlinie schwanken können.

Für das Nachweisverfahren zur Dichtheit von Konstruktionen mit Trennrissen infolge Zugbeanspruchung oder wechselnden Momenten (Abb. 4) bietet die Richtlinie ein Diagramm, vgl. Abbildung 7, aus dem die Eindringtiefe von Flüssigkeiten in durchgehenden Rissen für FD- oder FDE-Beton abgelesen werden kann. Daraus ist zu erkennen, dass dieses Konzept bei Flüssigkeiten mit niedriger Viskosität und geringer Betondruckspannung sehr große Bauteildicken erfordert. Es wäre folglich nur denkbar bei Dichtkonstruktionen für hochviskose Flüssigkeiten und bei Bauteilen, die planmäßig überdrückt werden (Spannbeton). Zur Einordnung der in Abbildung 7 aufgeführten Viskositätsstufen von 0,3 bis 300 mN·s/m² sollen folgende Beispiele dienen: Aceton: $\approx$ 0,3; Milch: $\approx$ 2; Blut: $\approx$ 4,5; Olivenöl: $\approx$ 100; Honig: $\approx$ 1000; jeweils bei 20 °C, [mN·s/m²] oder [mPa·s].

Um geringere Eindringtiefen als in Abbildung 7 dargestellt ansetzen zu können, sind entsprechende aufwändige Versuche zum Eindringen von wassergefährdenden Flüssigkeiten an gerissenen Prüfkörpern gemäß Anhang A der Richtlinie durchzuführen.

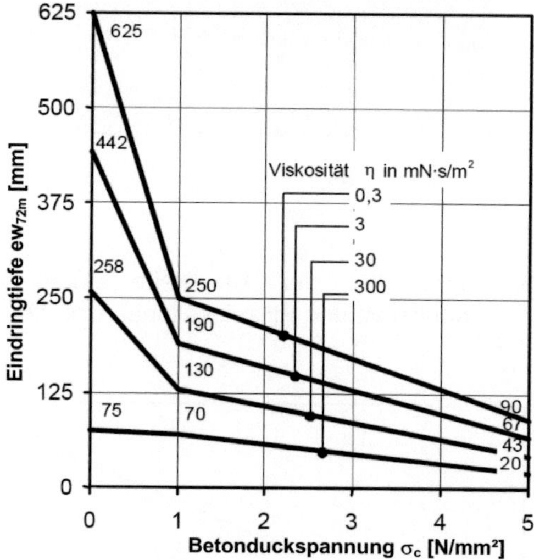

Abb. 7: Eindringtiefe nach 72 Stunden ew_{72m} in zentrisch überdrückte Trennrisse, FD-Beton, w_{cal} = 0,10 mm [2]

3.1.4 Teil 3 der DAfStb-Richtlinie BBUmwS

Gegenstand dieses Teils der Richtlinie ist die Instandsetzung von Dichtkonstruktionen aus Beton. Hinsichtlich der grundsätzlich zu beachtenden Regeln bei der Ausführung Instandsetzungsarbeiten an Beton und Stahlbetonbauteilen wird auf die DAfStb-Richtlinie "Schutz und Instandsetzung von Betonbauteilen" (SIB) verwiesen. Entsprechende Arbeiten in LAU-Anlagen unterliegen dem Besorgnisgrundsatz des WHG und fallen in den Geltungsbereich der WasBauPVO. Damit werden zusätzliche Nachweise hinsichtlich der Dichtfunktion und der Beständigkeit gegenüber wassergefährdenden Flüssigkeiten erforderlich, die in der DAfStb-Richtlinie SIB nicht enthalten sind.

Für die Instandsetzungsarbeiten sind nach heutigem Stand Bauprodukte einzusetzen, für die eine abZ oder ETA vorliegt, in der die spezifischen Anforderungen bei einer Instandsetzung in LAU-Anlagen berücksichtigt sind (vgl. Abschnitt 2). Dies betrifft:

- Beschichtungssysteme,
- Betonersatzsysteme,
- Rissfüllstoffe,
- Fugendichtstoffe.

Die Art der Rissfüllstoffe (EP, PUR, ZL/ZS), für die eine abZ gefordert wird, wird zurzeit noch abgestimmt. Erteilt wurde bisher eine abZ für einen PUR-Rissfüllstoff.

Neben der DAfStb-Richtlinie SIB bieten auch die "Technischen Lieferbedingungen/Prüfvorschriften für Grundierungen und Oberflächenbehandlungen aus Reaktionsharzen sowie für Oberflächenbeschichtungen und Betonersatzsysteme aus Reaktionsharzmörtel für die bauliche Erhaltung von Verkehrsflächen - Betonbauweisen" (TL/TP BEB RH-StB) die Möglichkeit eines grundsätzlichen Eignungsnachweises für Reaktionsharzmörtel (PC), der durch entsprechende Dichtheits- und Beständigkeitsnachweise nach einem Prüfprogramm des DIBt zu ergänzen ist.

3.2 Bauaufsichtliche Ergänzungen bei Anwendung der DAfStb-Richtlinie "Betonbau beim Umgang mit wassergefährdenden Stoffen"

Entsprechend BRL A Teil 1 lfd. Nr. 15.32 verweist Anlage 15.8 auf zusätzlich zu beachtende technische Regeln, die in entsprechenden allgemeinen bauaufsichtlichen oder europäisch technischen Zulassungen festgelegt sind (abZ oder ETA), und zwar hinsichtlich:

- der Ausbildung von Bewegungsfugen und Übergängen zu anderen Dichtkonstruktionen,
- der Rohrdurchführungen, die von den Vorgaben in der Richtlinie abweichen,
- der Befestigungen von Anbauteilen, die maßgeblich in die Dichtfläche eingreifen,
- fehlender Regeln in der Richtlinie zum Transport, der Lagerung und der Montage von Bauteilen für Dichtflächen.

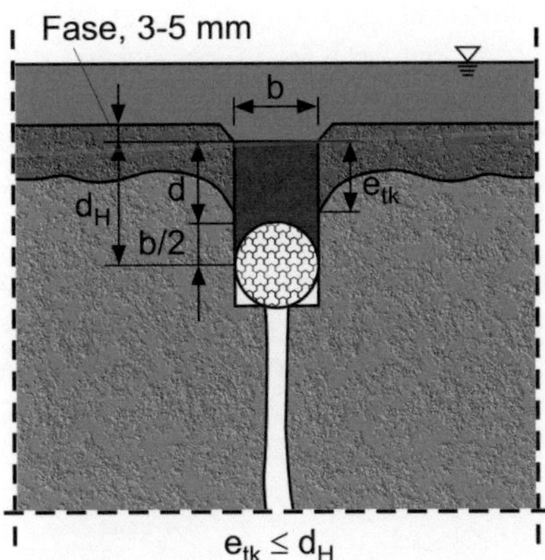

Abb. 8: Nachweis der Dichtheit im Bereich einer befahrbaren Fuge, Fugengeometrie: d = 0,8 bis 1,0 x b, b = 10 bis 20 mm

Nachfolgend wird auf die Regelungen für Fugenkonstruktionen näher eingegangen (vgl. dazu auch [1]).

Um die Dichtheit der Betonkonstruktion auch am Bauteilrand und dem Übergang zu anderen Dichtkonstruktionen oder in Bauteilfugen (Bewegungs- und Arbeitsfugen) sicherzustellen, sind die geometrischen Randbedingungen in diesen Bereichen zu beachten. Die Fugengeometrie im Bereich einer befahrbaren Fuge zeigt Abbildung 8. Daraus ist zu erkennen, dass die Einbautiefe des Fugendichtstoffs begrenzt ist, um ein Versagen in der Kontaktzone zwischen Fugendichtstoff und Beton zu vermeiden. Zu beachten ist dabei, dass mit zunehmender Einbautiefe und gegebener Fugenbewegung die Spannung steigt bzw. bei gegebenem Spannungszustand die Bewegungsmöglichkeit der Fuge sinkt (vgl. dazu Abb. 9). Damit wird die Einbautiefe des Fugendichtstoffs häufig zum begrenzenden Faktor für die zulässige Eindringtiefe im Beanspruchungszeitraum der Dichtkonstruktion aus Beton, wie bereits im Abschnitt 3.1.3 für FD-Beton am Beispiel von Ottokraftstoff dargestellt.

Die geschützte Fugenflanke d_H, d. h. der Bereich, der den seitlichen Austritt von Flüssigkeit aus dem Beton verhindert (Umläufigkeit), ergibt sich aus:

$$d_H = d + \frac{b}{2} . \tag{5}$$

Zu vergleichen ist die Tiefe der geschützten Fugenflanke d_H mit der anzusetzenden charakteristischen Eindringtiefe e_{tk}, die aus den Eigenschaften des Betons (FD, FDE oder Beton nach Zulassung), der Art der Flüssigkeit und der zulässigen Beanspruchungsdauer resultiert. Dabei gilt:

$$e_{tk} \leq d_H . \tag{6}$$

Im Fall einer befahrbaren Fuge mit b_{max} = 20 mm und bei üblicher Einbautiefe von 0,8 bis 1,0 x b beträgt die Tiefe der geschützten Fugenflanke maximal d_H = 30 mm (vgl. Abb. 8).

Höhere Werte für d_H ermöglichen zugelassene Fugendichtstoffe mit größerer Einbautiefe, z. B. bis zu d = 1,6 x b. Bei ausschließlich begangenen Fugen sind Breiten b bis 40 mm technisch möglich. Welche Fugenabmessungen und welche zulässigen Verformungen infolge der Stauch-, Dehn- und Scherbeanspruchung für den Fugendichtstoff gelten, ist in der allgemeinen bauaufsichtlichen oder europäisch technischen Zulassung festgelegt (abZ oder ETA).

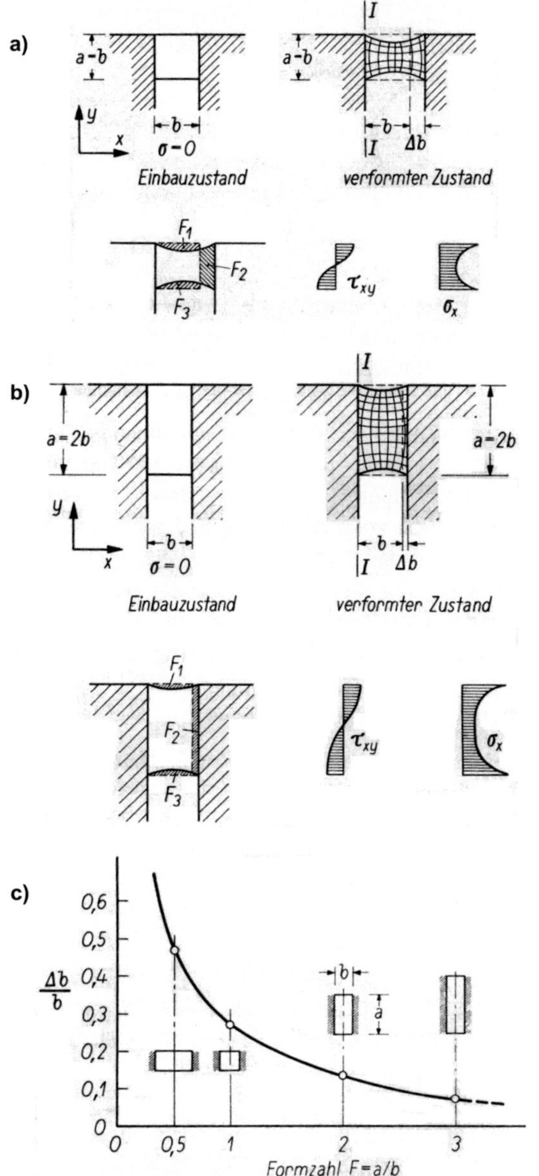

Abb. 9: Formänderung und Spannung einer Fugenfüllung [3]
$F_1 + F_2 \approx F_3$, da $\mu \approx 0,5$
τ_{xy} und σ_x im Schnitt I-I (Kontaktzone)
a) a/b = 1/1
b) a/b = 2/1
c) Bewegungsmöglichkeit Δb/b der Fuge bei gleicher Beanspruchung

Der Einbau von Fugenblechen ist entsprechend BRL A Teil 1 Anlage 15.18 vorzunehmen. Hierbei gilt für den geschützten Bauteilrand "XF":

$$XF \geq 0,5 \cdot e_{tk} \cdot 1,5 \,. \tag{7}$$

Über einem Fugenblech sollte ein Fugendichtstoff als Schutz vor Schmutzeinlagerungen im Fugenspalt eingebaut werden.

Eine weitere Möglichkeit zur Fugenabdichtung und auch zur Instandsetzung von Fugen mit geschädigtem Fugendichtstoff besteht in der Verwendung von zugelassenen Fugenbändern (abZ oder ETA), die aufgeklebt werden. Diese Fugenbänder stehen in verschiedenen Breiten zur Verfügung und ermöglichen damit, die geschützte Fugenflanke entsprechend der abzudeckenden charakteristischen Eindringtiefe e_{tk} auszuführen.

3.3 Nachweis der Eindringtiefe

Die experimentelle Bestimmung der Eindringtiefe in ungerissenem Beton erfolgt nach einem Versuchsaufbau gemäß Anhang A der DAfStb-Richtlinie BBUmwS. Abbildung 10 zeigt die alternative Prüfvorrichtung in der praktischen Umsetzung.

Soll eine Grenzlinie für FDE-Beton entsprechend der Richtlinie ermittelt werden, so sind als Prüfflüssigkeiten Dichlormethan und n-Hexan einzusetzen. Aufgrund der Verdunstung dieser leichtflüchtigen Stoffe ist nach dem Spalten des Bohrkerns im Anschluss an die Beaufschlagungsdauer in der Regel keine Eindringfront erkennbar. Infolge der schnellen Verdunstung kühlt aber auch der von der Flüssigkeit durchdrungene Bereich der Probe ab. Diesen Effekt kann man ausnutzen, um anhand der Temperaturverteilung im Querschnitt die Eindringtiefe mittels Thermografie zu bestimmen. Die dafür einzusetzende Thermokamera sollte mindestens ein thermisches Auflösungsvermögen von 0,1 K aufweisen.

Nach dem Spalten ist in engen zeitlichen Schritten, z. B. 10 Sekunden, die Temperaturverteilung aufzunehmen, und zwar bis zum Maximum der Temperaturdifferenz zwischen dem durchdrungenen Bereich und dem darunterliegenden unbeanspruchten Probenbereich. Eine entsprechende Aufnahme zeigt Abbildung 11 sowie das aus der Aufnahme ermittelte Temperaturprofil in drei Linien (L) über die Probenhöhe, aus dem für die Probe eine Eindringtiefe e_{ti} = 30 mm abgelesen werden kann.

Im Rahmen von Zulassungsprüfungen ist die Verfahrensweise etwas anders. Hierbei wird derselbe Versuchsaufbau eingesetzt, aber häufig die Eindringtiefe für mehrere Flüssigkeiten bestimmt. Die Auswahl der Flüssigkeiten erfolgt so, dass die Spanne der in der Zulassung zu regelnden Quotienten aus Oberflächenspannung und dynamischer Viskosität $(\sigma/\eta)^{\frac{1}{2}}$ abgedeckt wird. Die Entscheidung, welche Flüssigkeiten zum Einsatz kommen, trifft der Zulassungsinhaber in Abstimmung mit dem DIBt. Verwendung finden dabei häufig:

- Prüfflüssigkeit für Biodiesel, DT7a, $(\sigma/\eta)^{\frac{1}{2}} \approx 2{,}2$;
- Ethanol, $(\sigma/\eta)^{\frac{1}{2}} = 4{,}4$;
- Prüfflüssigkeit für Ottokraftstoff, DT1, $(\sigma/\eta)^{\frac{1}{2}} = 6{,}3$;
- Prüfflüssigkeit für aromatische Kohlenwasserstoffe, DT 4b, Toluol, $(\sigma/\eta)^{\frac{1}{2}} = 6{,}9$;
- n-Hexan $(\sigma/\eta)^{\frac{1}{2}} = 7{,}8$ (ggf. n-Pentan $(\sigma/\eta)^{\frac{1}{2}} = 8{,}5$).

Liegen für spezielle Flüssigkeiten keine Kennwerte vor (σ, η), so wird die Oberflächenspannung und die dynamische Viskosität im Rahmen des Zulassungsverfahrens bestimmt.

Anhand der Ergebnisse dieser Versuche wird die Kurve der Eindringtiefe e_{tm} während des Beaufschlagungszeitraumes in der Zulassung festgelegt. Ein Beispiel zeigt Abbildung 11. Man erkennt, dass der zugelassene Fertigteilbeton wesentlich geringere Eindringtiefen aufweist als der FD-Beton in der Abbildung 6. Weiterhin nimmt die Eindringtiefe nicht linear mit steigendem Quotienten aus Oberflächenspannung und dynamischer Viskosität $(\sigma/\eta)^{\frac{1}{2}}$ zu, sondern verläuft entsprechend der ermittelten Prüfergebnisse.

4 Biokraftstoffe

Die Beschaffenheit von Kraft- und Brennstoffen wird in Deutschland durch die Zehnte Verordnung zur Durchführung des Bundes-Immisionsschutzgesetzes (Verordnung über die Beschaffenheit und die Auszeichnung der Qualität von Kraft- und Brennstoffen vom 08.12.2010 (10. BImSchV) geregelt. Dementsprechend sind neben Otto- und Dieselkraftstoff mit vergleichsweise geringen Biokraftstoffbeimischungen von bis zu 7 Vol.-% Biodiesel bei Diesel (B7) und bis zu 10 Vol.-% Bioethanol bei Ottokraftstoff auch Biodiesel (B100) und Ethanolkraftstoff (E85) an Tankstellen erhältlich.

Auf europäischer Ebene enthält die Richtlinie 2009/30/EG vom 23. April 2009 Vorgaben für die Zusammensetzung von Otto- und Dieselkraftstoffen. Darin ist für Ottokraftstoff ein Anteil von 10 Vol.-% Ethanol (E10) und für Dieselkraftstoff von 7 Vol.-% Fettsäuremethylester (B7) vorgesehen. Weiterhin enthält diese Richtlinie ein Normungsmandat für B10.

Die Anteile der Biokraftstoffe in Deutschland für die Jahre 2008 und 2009 sind in der Tabelle 1 zusammengestellt. Daraus ist zu ersehen, dass Biodiesel den größten Marktanteil unter den Biokraftstoffen einnimmt.

Hinsichtlich der Wirkung auf Dichtkonstruktionen aus Beton in LAU-Anlagen und an Tankstellen sind Beimischungen von Bioethanol zum Ottokraftstoff, auch bei einem hohen Anteil (E85), als unkritisch an-

zusehen, d. h. ein chemischer Angriff ist auch bei intensiver Beanspruchung nicht zu erwarten.

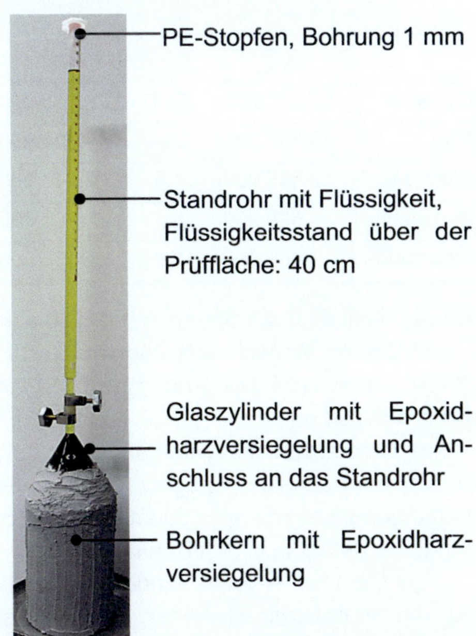

Abb. 10: Versuchsaufbau zur Bestimmung der Eindringtiefe

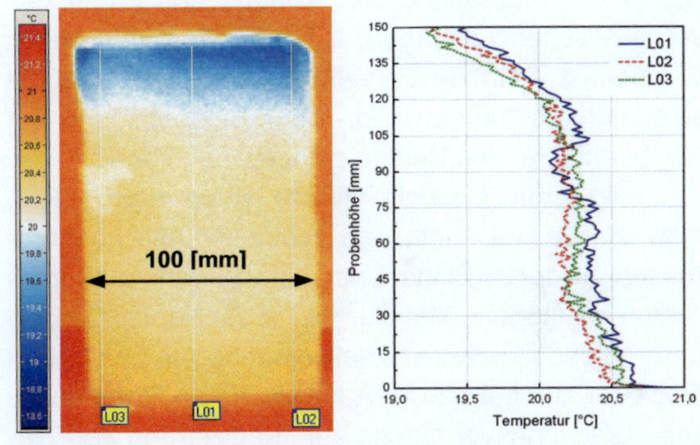

Abb. 11: Bestimmung der Eindringtiefe von n-Hexan mittels Thermografie, $e_{ti} = 30$ mm

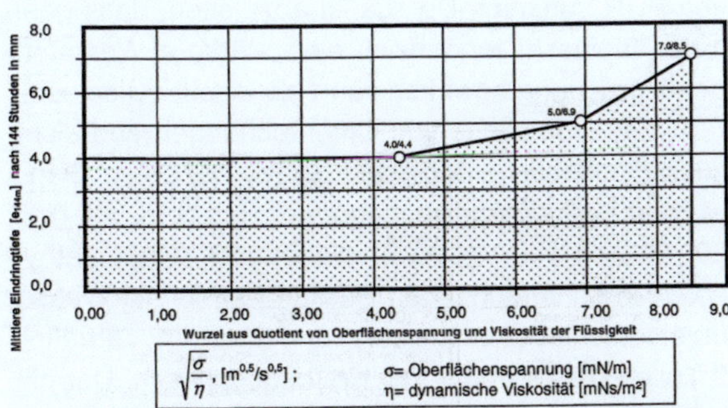

Abb. 12: Kurve der Eindringtiefe für Betonfertigteile, ETA-09/0079 (mittlere Eindringtiefe e_{144m} in Millimeter)

Tab. 1: Primärkraftstoffverbrauch in Deutschland
und die Anteile der Biokraftstoffe [4]

Kraftstoff	2008		2009	
	Masse [t]	Anteil [%]	Masse [t]	Anteil [%]
Diesel	28.293.000	54,7	28.636.000	56,0
Otto	19.944.000	39,4	19.332.000	38,5
Biodiesel	2.695.000	4,5	2.517.000	4,2
Bioethanol	626.000	0,7	903.000	1,1
Pflanzenöl	401.000	0,7	100.000	0,2

Anders stellt sich die Situation bei Biodiesel dar. Insbesondere im Bereich von Zapfsäulen für Biodiesel (B100) traten zum Teil erhebliche Oberflächenschäden am Beton auf.

Im Unterschied zu Ottokraftstoffen und Ethanol ist Biodiesel unter den gegebenen klimatischen Bedingungen praktisch nicht flüchtig, d. h. Tropfverluste dringen vollständig in den Beton ein.

Aus chemischer Sicht handelt es sich bei Biodiesel um Fettsäuremethylester, der in Deutschland hauptsächlich auf der Basis von Rapsöl und geringen Anteilen Sojaöl erzeugt wird. Die Umesterung dieser Pflanzenöle mit Methanol unter Abspaltung des Glycerins dient vorrangig der Senkung der Viskosität der Flüssigkeit. Der Kontakt des Biodiesels mit alkalischen Lösungen, z. B. der Porenflüssigkeit des Betons, führt zur Verseifung des Esters, was mit einer entsprechenden Film- oder Belagsbildung auf der Oberfläche des Betons einhergehen kann.

Infolge der Umwelteinflüsse (Sauerstoff, Licht, Wärme, Wasser) unterliegt Biodiesel Alterungsprozessen, in deren Folge eine Vielzahl von Abbauprodukten entstehen. Metalle, wie z. B. Kupfer, katalysieren diese Prozesse. Quellversuche mit gealtertem Biodiesel, die bei der MPA Karlsruhe im Rahmen eines Forschungsvorhabens zur Verifizierung von Referenzflüssigkeiten für die Beurteilung der Beständigkeit von Beschichtungen und Kunststoffbahnen gegenüber Biokraftstoffen durchgeführt werden, zeigen, dass das Quellen von Kunststoff auf der Basis von PUR zunimmt. Daraus ist abzuleiten, dass gealterter Biodiesel tendenziell eine stärkere Werkstoffbeanspruchung bewirken kann als frischer Biodiesel.

Über Ergebnisse von Untersuchungen an Leichtflüssigkeitsabscheidern wird in [5] berichtet. Dabei wurden Kraftstoffmischungen aus Heizöl EL mit 0, 5, 20, 60 und 100 Vol.-% Biodieselanteil (Rapsmethylester) in entsprechenden Becken jeweils mit Wasser unterschichtet (Abscheider), und zwar im Verhältnis 9 Teile Wasser und 1 Teil Kraftstoffgemisch. Der pH-Wert der wässrigen Phase unter dem Heizöl EL sowie den Mischungen mit 5 und 20 Vol.-% Biodiesel lag bei ca. 6,5. In der wässrigen Phase unter der Mischung mit 60 Vol.-% Biodiesel wurden pH-Werte im Bereich von 3,5 bis 4 und unter Biodiesel zwischen 3,4 bis 4 gemessen. Dies weist auf eine erhebliche

Säurebeanspruchung bei Biodiesel und Mischungen mit hohem Biodieselanteil hin, die mit Wasser im Kontakt stehen. Der für die Expositionsklasse XA3 in EN 206-1 definierte pH-Bereich von $4{,}0 \leq pH \leq 4{,}5$ kann folglich bei solchen Gemischen weit unterschritten werden.

5   Zusammenfassung

Dargestellt werden die speziellen Nachweise für Betonbauwerke, die dem Gewässerschutz dienen. Zentraler Aspekt ist dabei, dass die Dicht- und Tragfunktion der eingesetzten Bauteile während der Beanspruchung mit wassergefährdenden Flüssigkeiten uneingeschränkt sichergestellt ist. Die in diesem Zusammenhang maßgebenden Anforderungen des Wasserrechts werden umrissen und die Verknüpfung mit dem Baurecht dargestellt. Der Richtlinie des Deutschen Ausschusses für Stahlbeton "Betonbau beim Umgang mit wassergefährdenden Stoffen" kommt dabei besondere Bedeutung zu, da sie die entsprechenden Dichtheitsnachweise und grundsätzliche betontechnologischen Anforderungen an Dichtflächen aus Beton enthält. Auf ergänzend zu beachtende bauaufsichtliche Regelungen wird hingewiesen. Insbesondere betrifft dies die Ausführung von Fugen. Weiterhin werden das Prüfverfahren für die Bestimmung der Eindringtiefe wassergefährdender Flüssigkeiten und Aspekte, die aus dem Einsatz von Biokraftstoffen resultieren, behandelt.

6   Literatur

[1]   Kluge, U. (2008) LAU-Anlagen: Fugenabdichtung und Dichtkonstruktionen. BetonKalender, 97. Jg., Ernst & Sohn Berlin, S. 357-445

[2]   DAfStb-Richtlinie "Betonbau beim Umgang mit wassergefährdenden Stoffen". Beuth Verlag, Berlin, Ausgabe Oktober 2004

[3]   Teepe, W. (1962): Mechanische Beanspruchung der Kunststoffe im Massivbau. Kunststoffe, Bd. 52, Heft 11, S. 658-666

[4]   Fachagentur Nachwachsende Rohstoffe e. V. (FNR): Biokraftstoffe, Basisdaten Deutschland. Ausgaben Oktober 2008 und Juni 2010

[5]   Wetter, C.; Florack, M.; Tiemann, M.; Brügging, E. (2007) Abscheidewirkung von Leichtflüssigkeitsabscheidern bei Zufluss von Biodieselprodukten. FH Münster, Fachbereich Energie, Gebäude, Umwelt, Labor für Wasser-, Abwasser- und Umwelttechnik

7   Autor

Dr.-Ing. Ulf Guse
Materialprüfungs- und Forschungsanstalt,
MPA Karlsruhe
Gotthard-Franz Str. 3
76131 Karlsruhe

Programm des Symposiums

17. März 2011, Großer Hörsaal Bauingenieurwesen, Karlsruher Institut für Technologie (KIT)

9.00 Uhr	**Anmeldung/Kaffee**
9.30 Uhr	**Grußworte** Prof. Dr.-Ing. Harald S. Müller, Karlsruher Institut für Technologie (KIT) Dipl.-Ing. Eckhardt Bohlmann, Verband Deutscher Betoningenieure e. V. Ulrich Nolting, Geschäftsführer, Beton Marketing Süd GmbH, Ostfildern
9.50 Uhr	**Widerstandsfähige Betonkonstruktionen unter chemischem Angriff – Überblick** Prof. Dr.-Ing. Harald S. Müller, Dr.-Ing. Michael Haist, Karlsruher Institut für Technologie (KIT)

Grundlagen

10.10 Uhr	**Treibender Betonangriff** Prof. Dr.-Ing. Horst-Michael Ludwig, Bauhaus-Universität Weimar
10.40 Uhr	**Lösender Betonangriff** Dr.-Ing. Christoph Müller, Forschungsinstitut der Zementindustrie, Düsseldorf
11.10 Uhr	**Kaffeepause**

Regelwerke und Maßnahmen

11.40 Uhr	**Maßnahmen gemäß Regelwerk – Vorgehensweise bei Expositionsklasse XA** Dr.-Ing. Diethelm Bosold, BetonMarketing West GmbH, Wiesbaden
12.10 Uhr	**Maßnahmen nach Gutachterlösung** Prof. Dr.-Ing. habil. Jochen Stark, Bauhaus-Universität Weimar
12.40 Uhr	**Mittagspause**

Planung und Ausführung – Projektbeispiele

14.00 Uhr	**Wasserbehälter und Regenauffangkonstruktionen aus Beton** Dr.-Ing. Stefan Kordts, Roxeler Ingenieurgesellschaft mbH, Münster
14.15 Uhr	**Gründungskonstruktionen in chemisch angreifender Umgebung** Dipl.-Ing. Rainer Burg, BAUER Spezialtiefbau GmbH, Schrobenhausen
14.30 Uhr	**Chemischer Betonangriff in Kläranlagen** Prof. Dr. Ursula Obst, Karlsruher Institut für Technologie (KIT)
14.45 Uhr	**Gärfutter-Fahrsilos aus Stahlbeton – Randbedingungen für die Planung und Probleme durch chemischen Angriff** Dipl.-Ing. Josef Steiner Ingenieurgruppe Bauen, Mannheim
15.00 Uhr	**Planung und Ausführung von Betonbauteilen in einer Raffinerie** Dr. Rudolf Dörr, MiRO Mineralölraffinerie Oberrhein, Karlsruhe
15.15 Uhr	**Zusammenfassung** Prof. Dr.-Ing. Harald S. Müller Karlsruher Institut für Technologie (KIT) Ulrich Nolting Beton Marketing Süd GmbH, Ostfildern
15.20 Uhr	**Kaffeepause**

Parallele Themenblöcke

15.50 Uhr	**Landwirtschaftliches Bauen** Dipl.-Ing. Thomas Bose, Beton Marketing Süd GmbH, München
15.50 Uhr	**Beton in LAU-Anlagen** Dr. Ulf Guse, Materialprüfungs- und Forschungsanstalt MPA Karlsruhe
16. 50 Uhr	**Umtrunk / Imbiss**

Autorenverzeichnis

Dr.-Ing. Thomas Bose
BetonMarketing Süd GmbH, Gerhard-Koch-Straße 2 + 4, 73760 Ostfildern

Dr.-Ing. Diethelm Bosold
BetonMarketing West GmbH, Annastr. 3, 59269 Beckum

Dipl.-Ing. Rainer Burg
BAUER Spezialtiefbau GmbH, Schrobenhausen, BAUER-Straße 1, 86529 Schrobenhausen

Dr. Rudolf Dörr
MiRO Mineralölraffinerie Oberrhein GmbH & Co. KG, Nördliche Raffineriestr. 1, 76187 Karlsruhe

Dr.-Ing. Ulf Guse
Materialprüfungs- und Forschungsanstalt MPA Karlsruhe, Gotthard-Franz-Str. 3, 76131 Karlsruhe

Dr.-Ing. Michael Haist
Institut für Massivbau und Baustofftechnologie, Karlsruher Institut für Technologie (KIT), Gotthard-Franz-Str. 3, 76131 Karlsruhe

Dr.-Ing. Stefan Kordts
Roxeler Ingenieurgesellschaft mbH, Otto-Hahn-Str. 7, 48161 Münster

Prof. Dr.-Ing. Horst-Michael Ludwig
Bauhaus-Universität Weimar, F. A. Finger-Institut für Baustoffkunde, Coudraystr. 11, 99421 Weimar

Prof. Dr.-Ing. Harald S. Müller
Institut für Massivbau und Baustofftechnologie, Karlsruher Institut für Technologie (KIT), Gotthard-Franz-Str. 3, 76131 Karlsruhe

Dr.-Ing. Christoph Müller
Forschungsinstitut der Zementindustrie, Tannenstr. 2, 40476 Düsseldorf

Prof. Dr. Ursula Obst
Institut für Funktionelle Grenzflächen, Karlsruher Institut für Technologie (KIT), Hermann-von-Helmholtz-Platz 1, 76344 Eggenstein-Leopoldshafen

Dr.-Ing. Patrick Schäffel
Forschungsinstitut der Zementindustrie, Tannenstr. 2, 40476 Düsseldorf

Dipl.-Ing. Josef Steiner
Ingenieurgruppe Bauen, Besselstraße 16 a, 68219 Mannheim

Symposium Baustoffe und Bauwerkserhaltung

Themen vergangener Symposien (2004-2010)

1. Symposium Baustoffe und Bauwerkserhaltung
Instandsetzung bedeutsamer Betonbauten der Moderne in Deutschland
Hrsg. H. S. Müller, U. Nolting, M. Vogel, M. Haist
ISBN 978-86644-098-2

2. Symposium Baustoffe und Bauwerkserhaltung
Sichtbeton – Planen, Herstellen, Beurteilen
Hrsg. H. S. Müller, U. Nolting, M. Haist
ISBN 3-937300-43-0

3. Symposium Baustoffe und Bauwerkserhaltung
Innovationen in der Betonbautechnik
Hrsg. H. S. Müller, U. Nolting, M. Haist
ISBN 3-86644-008-1

4. Symposium Baustoffe und Bauwerkserhaltung
Industrieböden aus Beton
Hrsg. H. S. Müller, U. Nolting, M. Haist
ISBN 978-3-86644-120-0

5. Symposium Baustoffe und Bauwerkserhaltung
Betonbauwerke im Untergrund – Infrastruktur für die Zukunft
Hrsg. H. S. Müller, U. Nolting, M. Haist
ISBN 978-3-86644-214-6

6. Symposium Baustoffe und Bauwerkserhaltung
Dauerhafter Beton – Grundlagen, Planung und Ausführung bei Frost- und Frost-Taumittel-Beanspruchung
Hrsg. H. S. Müller, U. Nolting, M. Haist
ISBN 978-3-86644-341-9

7. Symposium Baustoffe und Bauwerkserhaltung
Beherrschung von Rissen in Beton
Hrsg. H. S. Müller, U. Nolting, M. Haist
ISBN 978-3-86644-487-4

alle Bände kostenfrei als Download bei **KIT Scientific Publishing**
(http://www.ksp.kit.edu) oder für einen Umkostenbeitrag im Buchhandel